Smaine Chellat

Géologie des dépôts continental néogène du sahara Algérien

Smaine Chellat

Géologie des dépôts continental néogène du sahara Algérien

Reconstitution Paléoenvironnementale des formations mio-pliocènes du nord central et nord-est du Sahara

Presses Académiques Francophones

Imprint

Any brand names and product names mentioned in this book are subject to trademark, brand or patent protection and are trademarks or registered trademarks of their respective holders. The use of brand names, product names, common names, trade names, product descriptions etc. even without a particular marking in this work is in no way to be construed to mean that such names may be regarded as unrestricted in respect of trademark and brand protection legislation and could thus be used by anyone.

Cover image: www.ingimage.com

Publisher:
Presses Académiques Francophones
is a trademark of
International Book Market Service Ltd., member of OmniScriptum Publishing Group
17 Meldrum Street, Beau Bassin 71504, Mauritius

Printed at: see last page
ISBN: 978-3-8416-3649-2

Zugl. / Agréé par: Constantine, Univ Constantine1 2014

Dédicace

A ma mère

A mon père

A ma femme et mon enfant Amar

A mes frères et sœurs

A toute ma famille

Remerciements

Au terme de ce travail, c'est pour moi un agréable devoir d'exprimer ici ma sincère reconnaissance et ma gratitude à tous ceux qui m'ont aidé et ont accepté de juger ce travail :

Ce travail a été dirigé par Mr. DJERRAB Abderrezak, Professeur à l'université de Guelma. Qu'il trouve ici le témoignage de ma profonde gratitude pour ses conseils, ses remarques et sa disponibilité tout au long de cette étude. Je tiens à lui exprimer ma profonde reconnaissance pour la patience et la bienveillance dont il a fait preuve.

Mon deuxième encadreur, Mr. BOUREFIS Ahcene, Professeur à l'Université de Constantine 1. Je le suis redevable à plus d'un titre pour m'avoir ouvert la porte de l'université de Constantine et pour avoir suivi et dirigé patiemment ce travail, ses conseils précieux, ses juste critiques, ses connaissances avec sa très grande expérience ont été pour moi un encouragement permanent à terminer ce travail.

Je suis très reconnaissant à Mr HAMDI AISSA Belhadj, Professeur à l'université de Ouargla, qui m'a facilité le travail et a établi les lames de micromorphologie à l'INRA (Institut National de Recherches Agronomique de Paris), et aussi sans oublier la responsable du laboratoire Mme Cécilia CAMMAS d'avoir permis l'accès au laboratoire. Sans oublier aussi Mme DJERRAB Muriel pour la correction de ce mémoire.

Je tiens à remercier Monsieur MARMI Ramdane qui m'a fait l'honneur de présider ce jury, mes sincères remerciement vont à messieurs BENABBAS Chaouki, CHOUABBI Abdelmadjid et HAMDI Aissa qui m'ont honoré d'examiner ce travail.

Je remercie vivement Mr M.POLCIK, responsable technique et représentant du laboratoire Beckman Coulter de Prague (Tchécoslovaquie) et aussi Mr Philippe CHAMBON, pour leur générosité et de pour m'avoir aidé à établir des analyses granulométriques Laser, ainsi que Mr Frédéric BOULVAIN, Professeur et responsable du laboratoire de Pétrologie sédimentaire Université de Liège (Belgique) pour ses recommandations.

Ma vive gratitude va à Mr HADJ MAHAMMED Mahfoud, Professeur à l'Université de Ouargla et responsable du laboratoire de Biogéochimie des milieux désertiques, pour m'avoir donné l'accès à son laboratoire pour l'établissement des séparations des minéraux lourds et les essais de sédimentométrie.

Je remercie également Mr CHAID Rabeh, Maître de conférence à L'université de Boumerdes, et Mr Raoul JAUBERTHIE, Maître de conférence à L'université de Rennes (France) d'avoir accepté de m'établir les analyses exoscopiques.

Sans oublier aussi Mr GUASSMI Ibrahim, responsable de labo de diffractométrie de l'université de Biskra et Mr Ognyan Evtimov PETROV ; Responsable de laboratoire de minéralogie et de cristallographie de l'université de Bulgarie de m'avoir aidé à l'identification des spectres diffractométriques.

Je remercie tout le personnel du département de chimie de l'université de Constantine, Mme CHELLAT Akila, Mme BOUKHALFA Chahrazed, Mr BOUDAREN Chaouki, Mr KEBABI Ibrahim de m'avoir aidé avec les moyens matériels et aussi je remercie Mr BENABBAS Chaouki, Professeur à l'université de Constantine pour sa générosité.

J'adresse aussi ma profonde sympathie à mes chers collègues Mr HACINI, Mr DJIDEL, Mr NEZLI et surtout Mr ZEDDOURI pour sa mobilité sur terrain.

Je tiens à remercier tous ceux qui ont participé, de près ou de loin, à ce travail,

Particulièrement Mr MOUDJAHED Noureddine (LTP sud), Mr GHOULAM Salah (Guide de Guerrara).

Résumé

L'étude sédimentologique, séquentielle et paléoenvironnementale réalisée sur des grès mal consolidés du Mio-Pliocène de la région de Guerrara, a pour but de reconstituer le positionnement de ces formations dans le contexte géologique et environnemental global de l'Algérie. La reconnaissance géologique du site et la série d'analyses de laboratoire réalisée révèlent que cette formation détritique du continental terminal (Néogène) a probablement pris naissance après une forte altération des formations tertiaires et mésozoïques. Cette série est composée de deux principales séquences ; MSII du Miocène supérieur et MSIII du Pliocène, qui sont séparées par des discontinuités régionales d0, d3, d4. Le mode de transport dominant et les conditions de dépôt révèlent un milieu endoréique (cuvette), comme en témoigne la présence de certains minéraux argileux (palygorskite). La dominance des grains de quartz émoussés luisants du miocène supérieur présentant des globules siliceux révèle un régime hydrique dominant. Cette formation s'est déposée dans un domaine franchement continental sous un régime de transport mixte fluviatile et éolien. La formation mio-pliocène est entaillée, au Nord et au Sud, par de nombreux Oueds, qui ont pris naissance après l'abaissement des niveaux statiques de nappes alluviales à la fin du Tertiaire. Ces variations statiques sont révélées par les cycles sédimento-pédogénétiques (séquences sédimentaires). L'état de surface des grains, les cortèges minéraux et les séquences sédimentaires révèlent une alternance de périodes à climat subaride, et de périodes à climat chaud et humide au sommet de chaque ensemble de cette formation. Les grains de quartz ronds mats à traces de chocs multiples, emballés par des oxydes de fer, témoignent la fin d'un cycle hydrique et de l'installation des conditions désertiques.

Mots clés : Sahara. Algérie. Sédimentologie. Stratigraphie. Quartz. Diffractométrie

Abstract

The purpose of the sedimentological, sequential study and paleoenvironnemental realized on badly consolidated sandstones of Mio-pliocene of the area of Guerrara, are to reconstitute the positioning of these formations in the geological and environmental context total of Algeria. The geological recognition of the site and the series of analyses of laboratory realized reveal that this detrital formation of the continental terminal or latest (Neogene) probably occurred after a strong deterioration of the tertiary and mesozoïc formations. This series is made up of two principal sequences; MSII of higher Miocene and MSIII of Pliocene, which are separated by regional discontinuities d0, d3, d4. The means of transport dominating and the conditions of deposit reveal an endoreic area (basin), as testifies the presence of certain argillaceous minerals (palygorskite). The predominance of the blunted quartz grains in upper miocene presenting of the siliceous globules reveals a hydrous dominating mode. This formation settled in a frankly continental field under a mode of fluviatile and wind mixed transport. The mio-pliocene formation is notched, in North and the South, by many Wadis, which occurred after the lowering of the static levels of alluvial groundwater at the end of the Tertiary period. These static variations are revealed by the sedimento-pedogenic cycles (sedimentary sequences). The surface quality of the grains the processions mineral and the sedimentary sequences reveal an alternation of perios to steppe climate, and periods with hot and wet climate at the top of each sets of this formation. The round quartz grains with traces of multiple shocks, packed by iron oxides, testify the end to a hydrous cycle and installation to the desert conditions.

Key words: The Sahara. Algeria. Sedimentology. Stratigraphy. Quartz. Diffractometry

ملخص

الدراسة الرسوبية التسلسلية والبيئية القديمة المنجزة على الصخور الرملية النمف صلبة لحقب الميوسان- بليوسان لمنطقة القرارة بهدف الى إعادة تكون وضعية هاته التكوينات في الإطار الجيولوجي والبنيوي العام للجزائر. الاستكشاف الجيولوجي للمنطقة ومجموعة التحاليل المجهرية تدل على أن هاته التكوينات الحطامية للقاري البهاري (النيوجان) ربما نشأت بعد تعرية شديدة لتكوينات الحقب الثالث والعصر الميسوزوي.

هاته المجموعة الرسوبية مكونة من تسلسل أساسيين م س[2] لعصر الميوس الاعلى والقسم م س[3] لبليوس هاته الاقسام مفصولة بعدم توافقات جيوية ع ت[0]، ع ت[3]، ع ت[4]. حط النقل السائد وظروف التوضع تبس بيئة مقعرة بحيوره داخلية محورة ب المعادن الطينية كالباليغورسكيت. حبيبات الكوارز الملساء الغالبة خلال الميوس الاعلى تظهر حبيبات من السيلس دالتا على نظام ماني. ندرة شظايا المستحايات والمستحايات المجهرية تؤكد أن التكوينات قارية بنظام ماني بهري سائد.

مجموعة المو- بليوسان منحوتة بعدة وديان نشاة بعد اجفاض مستويات المسطحات البهرية عند بهاية الحقبة الجيولوجية الثالثة. تغيرات مستوى السطوح المائية مبينة بالاطوار الرسوبية "البرابية النشاة (تسلسل وجوٍ). حالة أسطح الحبيبات المجموعة المعدنية والتسلسل الرسوم يبينون تعاقب فيرات مناخية شبه جافة وحارة ورطبة في أعلى كل مجموعة من مجموع هاته التكوينات.

حبيبات الكوارز المستديرة المسرة بلم تصادم متعددة ومغلقة باكاسيد الحديد دالتا على بهاية النظام الماني وبداية مرحلة النظام الصحراوي.

الكلمات الدالة: صحراء. الجزائر. علم الرسوبيات. علم التطبق كوارز. محليل بالاشعة السينية.

Table des matières

Deuxième Partie
Matériels et Méthodes

X

Table des illustrations figures

XII

Table des illustrations tableaux

XIII

Table des illustrations photos

XIV

Table des illustrations planches photos

Introduction générale

Introduction générale

Le Sahara, terre d'accueil, d'échanges et de convoitises, a de tout temps émerveillé l'Homme. Lieu de réflexion et de confrontation d'idées, cette région fascinante a toujours été attrayante pour de nombreux scientifiques. Dans cette optique, ses immenses affleurements géologiques offrent aux géoscientifiques un magnifique pôle d'observations et de réflexions où de nombreuses questions ont trouvé des éléments de réponses même si de nos jours d'autres restent encore posées et continuent de susciter un intérêt scientifique et économique.

Entre autres, les études menées dans le Sahara ont porté sur la reconnaissance géologique (Bel et Dermagne, 1966; Busson, 1967 ; 1970 ; 1971. Fabre, 1976, Hacini, 2006) et l'hydrogéologie du système aquifère du Sahara septentrional (Dubief, 1953 ; Cornet, 1964 ; Bel et Cuche, 1969 ; 1970 ; Castany, 1982 ; Nezli, 2009 ; Djidel, 2009). Diverses études ont également porté sur l'étude de la qualité et de la nature des sols sur les régions de Guerrara et Ouargla (Hamdi-Aissa, 2001 ; Djili, 2004).

Les études géologiques ont été faites sur la base de forages pétroliers et hydrauliques dans la région, et ont servi à l'élaboration de cartes des gisements de pétrole, gaz et des nappes aquifères (douce et salée). Aucune étude sédimentologique n'a à ce jour été faite sur les formations mio-pliocènes, l'exploitation de ces formations reste limitée à leurs emmagasinement en eau. Une étude palynologique a été menée sur le Néogène du Sahara Nord occidental (Beucher, 1975).

La formation mio-pliocène englobe une nappe d'eau douce, utilisée par les riverains de l'Oued Zegrir. Dans la région de Ouargla, cette nappe est influencée par les remontées des eaux profondes et salées de la nappe albienne.

Les études paléoenvironnementales menées sur le Quaternaire sont fréquentes et relativement aisées à mener, mais, en revanche, pour les formations plus anciennes, il faut une attention beaucoup plus importante, et une bonne réflexion.

La thèse proposée est structurée selon trois parties scindées chacune de un à trois chapitres. Au cours de la ***Première Partie***, nous nous proposons de présenter les principales données que nous avons recueillies et qui concernent le cadre physique et climatique, les principales structures morphologiques, la géologie régionale et locale de la région étudiée.

Dans la ***Deuxième Partie***, nous présentons les conditions et les modalités d'échantillonnage, les techniques de mesure et d'analyse de nos échantillons, ainsi que les outils informatiques utilisés pour le traitement de nos résultats.

La ***Troisième Partie*** est consacrée au résultat d'analyses et à l'interprétation et discussion des résultats obtenus pour chaque niveau sédimentologique. Elle comporte trois chapitres dont le premier rapporte les résultats de l'étude réalisée sur les coupes de Guerrara et de Ouargla, alors que le deuxième est axé sur l'interprétation des résultats et le troisième sur la corrélation entre les deux coupes établies.

Première

Partie

Données bibliographiques

sur la zone d'étude

Chapitre I
Le cadre physique de la zone d'étude

Chapitre I Le cadre physique de la zone d'étude

I.1. Introduction

Dans ce chapitre, nous nous proposons de présenter les principales données que nous avons recueillies et qui concernent le cadre physique de notre région d'étude.

I.2. Le cadre géographique

La wilaya de Ghardaia (Figure 1) se situe en Algérie, dans le Nord du Sahara (partie centrale). Elle se trouve limitée au Nord par les wilayas de Djelfa et Laghouat, au Sud par celle de Tamanrasset, à l'Ouest par celles d'El Bayadh et d'Adrar, et à l'Est par celle de Ouargla. Notre zone d'étude, la région d'El Guerrara (Figure.2) et ses alentours, fait partie du bassin versant endoréique de l'Oued Zegrir. Elle occupe la rive gauche de l'Oued Zegrir qui draine le versant Sud de l'Atlas Saharien et se déverse dans l'Oued Zgag, 15 km au Sud-est de Guerrara. La région se trouve à une altitude moyenne de 320 m.

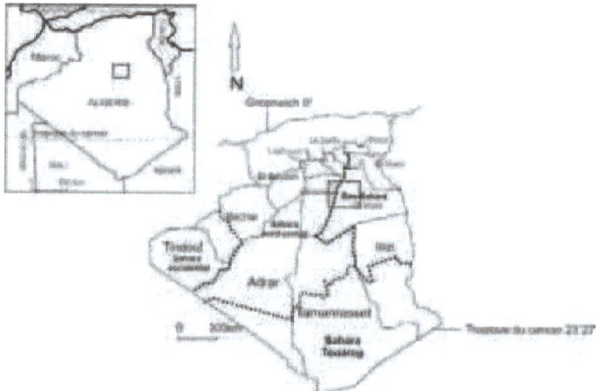

Figure 1: *Situation géographique de la wilaya de Ghardaïa d'après Kouzmin (2003).*

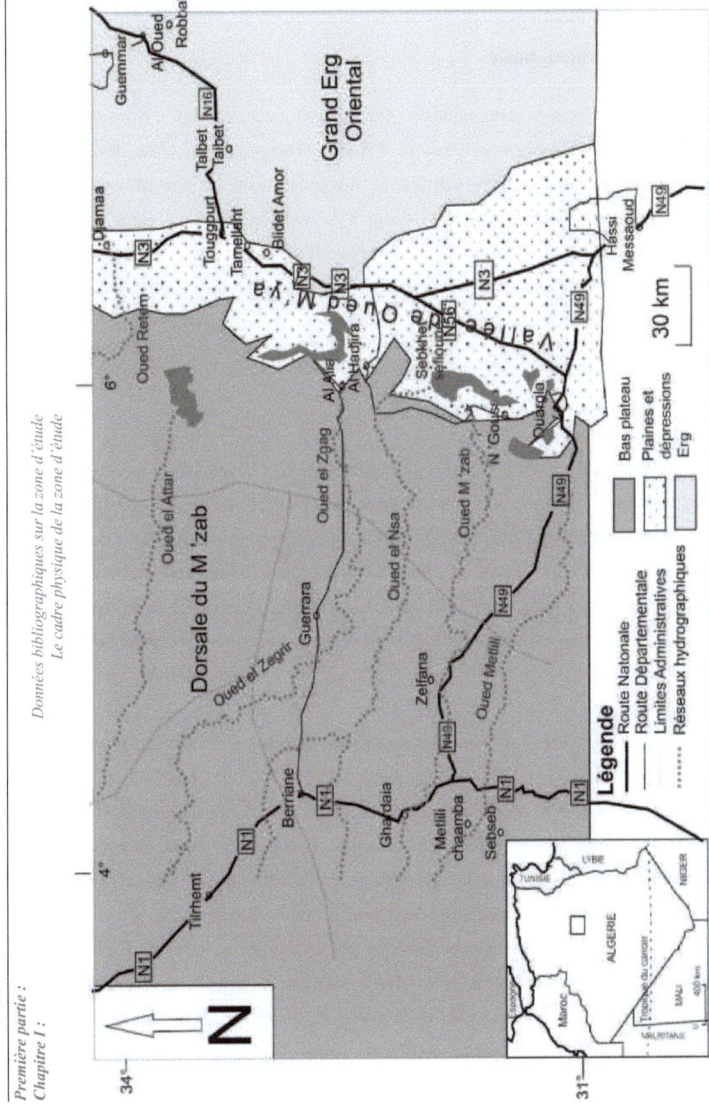

Figure 2 : *Localisation de zone d'étude (El Guerrara et ses alentours) (INC 1960).*

I.3. Réseau hydrographique

Le bassin versant endoréique de l'Oued Zegrir a une orientation Nord-Ouest puis Sud-Est. Il naît dans le versant sud de l'Atlas Saharien central, et se déverse dans l'Oued Zgag au Sud-Est d'el Guerrara, ce dernier présente un des affluents d'Oued M'ya. Deux principaux aquifères d'eau sont représentés dans cette région, le Continental Intercalaire et le Complexe Terminal, ayant une surface d'environ 1.000.000 Km^2, partagée entre l'Algérie, la Tunisie et la Libye, avec des réserves estimées à 31.000×10^9 m^3 (Ould Baba Sy, 2005).

I.4. Relief et Géomorphologie

I.4.1. La topographie

L'évolution topographique de la région d'étude a conduit à un façonnement en relief tabulaire, sillonné par des talwegs, rivières et dayas[1]. Le bassin versant d'Oued Zegrir s'élève à une altitude maximum de 400 m et minimum de 300 m. D'après (Ville 1872) l'oasis de Guerrara a été fondée vers 1640 au fond d'une grande dépression qui occupe le lit de l'oued Zegrir. Le mot Guerrara signifie en arabe : « vaste dépression en forme de cuvette où pousse une végétation (Dubief 1953).

I.4.2. La plaine

Elle représente en général les zones les plus basses dans la vallée de Oued M'ya,

I.4.3. Le plateau

C'est l'élément le plus important est un vaste plateau subtabulaire dont l'altitude moyenne avoisine 375 m, et qui s'incline très régulièrement en rangées de gradins moins nets vers le Sud-Est, cette direction est aussi celle de la vallée linéaire qui la traverse. L'inclinaison de cette partie du plateau est de l'ordre de 0.6 %.

Le plateau est profondément disséqué par une vallée et un cours d'eau dont la plupart des cours d'eaux sont orientés vers le Sud-Est. À partir de la courbe de niveau 300 m, on note un changement remarquable de la topographie : on passe à une topographie plane

---

[1] Les dayas sont des dépressions décamétriques à kilométriques qui trouent les dalles calcaires des hamadas du Sahara septentrional, évoquant de simples dolines dont elles ont connu le creusement par dissolution.

à pente très faible (de l'ordre de 0.2 %), qui englobe la partie centrale et orientale de la carte dans laquelle se détachent des buttes.

Un oued principal, appelé oued Zegrir, descend du Nord-Ouest selon un tracé sinueux à largeur variable, et se perd dans une dépression fermée, cette dernière constitue une zone d'accumulation des eaux, faiblement enfoncée dans le plateau. La limite entre plateau et zone basse s'effectue par un bord très découpé dont l'écartement est supérieur à 10 m.

I.4.4. La zone de dépression (Daya)

La palmeraie de Guerrara est implantée au milieu d'une dépression en forme d'assiette creuse, qui rompt la monotonie du plateau et s'enfonce dans ce dernier. Sa profondeur est de l'ordre de 50 mètres par rapport au bord du plateau, avec des bords d'une hauteur variable, parfois de véritables falaises.

La dépression occupe le lit de l'oued Zegrir où ce dernier dépose sa charge. Au centre, elle présente tous les caractères d'une plaine de niveau de base, avec une pente inexistante et un revêtement alluvionnaire dans lequel se détache un grand nombre de buttes témoins (Garas).

I.4.5. Les talus

Ils sont très développés sur la rive gauche de l'oued, et entourent la zone de dépression sur le nord. Il s'agit d'une série de talus successifs qui limitent entre les rangées de gradins du plateau trois niveaux et assurent la liaison entre le plateau et la zone de dépression. L'écartement est tantôt net, tantôt estompé. Le tout est traversé par un réseau de cours d'eau.

I.4.6. La vallée de Zegrir

Elle fait partie du plateau des Dayas orientales, et elle prend naissance au piedmont de l'Atlas Saharien. La vallée est caractérisée par un tracé sinueux, avec des irrégularités dans son extension (restreinte dans sa partie amont et large dans la partie avale), elle est limitée de part et d'autre par un système de talus très développé (Dubief, 1953).

I.5. La végétation

La zone étudiée est généralement composé lithologiquement de grès, dunes et regs. D'après les travaux de Barry et Faurel (1973), les principaux groupements

6

végétaux observés dans la région de Guerrara sont les suivants : steppes, plantes psammophiles (nebka) et palmeraie. La végétation rencontrée appartient au domaine saharien, ce qui permet de définir la variation des anciens domaines qui constituent un référentiel fort utile pour les reconstitutions paléoclimatiques.

I.6. Les facteurs du climat actuel

La détermination des paramètres climatiques tels que les précipitations et la température permet de caractériser un étage climatique type Saharien à hiver tempéré et été chaud (voir la figure 03) [Pouget 1980]. La région de Guerrara est limitée par les stations de Ouargla et Ghardaïa : les valeurs climatiques moyennes des dix dernières années (1999-2009) sont fournies pour les deux stations (Tableau 01) :

Tableau 1: *Valeurs moyennes annuelles de la station de Ghardaïa et Ouargla (D'après O.N.M. Ouargla 2009).*

Paramètres	Température (°C)	Précipitation (mm)	Vitesse du vent (m/s)	Evaporation (mm)	Humidité (%)	Insolation (Heure/an)
ST Ghardaïa	22.6	63.7	3.8	3248.80	40.6	3208.30
ST Ouargla	22.75	64.9	3.78	2354.46	41.1	3190.17

I.7. Les températures

L'observation des températures enregistrées au niveau des deux stations (Ghardaïa, Ouargla) pour une période de 10 ans (1999-2009) a permis de constater que la température moyenne annuelle est de 22,6 °C, avec 33,9 °C en août pour le mois le plus chaud, et 11,3 °C en janvier pour le mois le plus froid. Les variations de température atteignent une forte amplitude. Le jour, en été, le thermomètre peut monter jusqu'à 50 °C à l'ombre et la nuit, en hiver, il peut descendre au dessous de zéro. La neige et la glace ne sont pas inconnues au Sahara: la gelée blanche y est courante. L'écart annuel maximal entre le mois le plus chaud et le mois le plus froid de l'année est de 25,5°C à Ghardaïa dans le Mzab.

I.8. Les précipitations

Les précipitations sont faibles, leur répartition durant l'année est marquée par trois mois de sécheresse quasi absolue (juin, juillet et août), avec un maximum des pluies au mois de novembre avec 9,3 mm. La lame d'eau moyenne annuelle calculée est égale à 63.6 mm.

Les pluies du Sahara sont dues au chevauchement des basses pressions sahariennes thermales (entre 0 et 3000 m en général) et les hautes pressions synoptiques (Anticyclone) (Toutain, 1979).

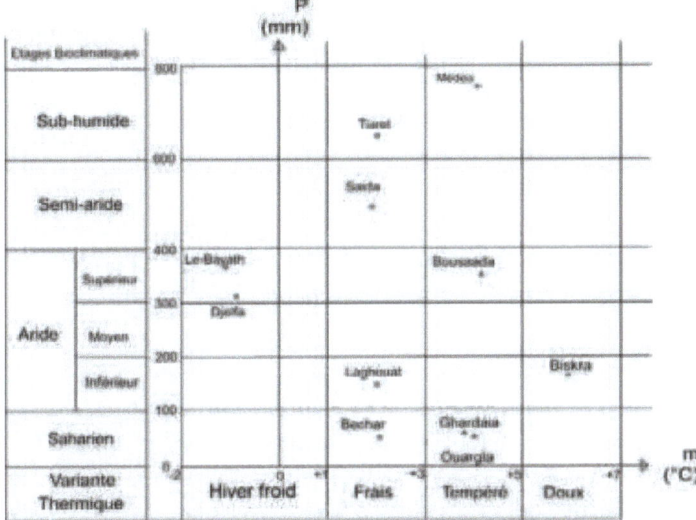

Figure 3: *Diagramme pluviométrique et bioclimatique, Pouget 1980.*

I.9. Les vents

Selon les données de l'O.N.M. de Ouargla (2009), nous remarquons que les vents sont fréquents durant toute l'année. Les vitesses les plus élevées sont enregistrées de mars à juin, avec un maximum de 4,6 m/s durant le mois d'avril et de 3.5 m/s pour les autres mois. Notons que les vents dominants sont de direction NW.

8

I.10. L'évaporation

L'évaporation est très importante, la moyenne annuelle est de 3290,2 mm (O.N.M Ouargla 2009). Le maximum est atteint en juin, juillet et août avec une moyenne de 440,2 mm. Les minima sont enregistrés durant le mois de janvier avec 120,1 mm. La nette différence entre les précipitations et l'évaporation est expliquée par la demande potentielle et réelle du sol et des plantes (ETP > ETR) et aussi par l'évaporation des eaux des nappes qui sont en remontée permanente. L'intensité de l'évaporation au Sahara est fortement renforcée par les vents et notamment ceux qui sont chauds (Toutain, 1979).

I.11. L'humidité

L'humidité représente la quantité d'eau retenue dans l'air. Comme signalée plus avant, l'humidité de l'air est très faible. La moyenne annuelle est de 40,8 % (1999-2009). Elle varie sensiblement en fonction des saisons.

En effet, pendant l'été, elle chute jusqu'à 23,7 % au mois de juillet, sous l'action d'une forte évaporation et des vents chauds ; alors qu'en hiver elle s'élève et atteint une moyenne maximale de 58,8 % au mois de janvier.

I.12. L'insolation

En raison du peu de nébulosité de l'atmosphère, les déserts reçoivent une quantité de lumière solaire très forte. On estime la nébulosité visuellement en évaluant la fraction du ciel couverte par les nuages en dixième de la superficie visible du firmament. Ainsi, 00 indique un ciel clair, c'est-à-dire un ciel absolument sans nuages, et 10 un ciel complètement couvert. De la même façon, 05 traduit un ciel à moitié couvert. Dans cette région la nébulosité est de l'ordre de 1.8. On observe qu'au Sahara le nombre d'heures annuelles d'ensoleillement est de 3 000 à 3 500. Cette forte luminosité est un facteur favorable pour l'assimilation chlorophyllienne (palmeraies), mais elle a en revanche un effet desséchant, car elle augmente la température (Toutain, 1979).

L'ensoleillement est considérable à Guerrara, car l'atmosphère présente une grande pureté durant toute l'année, avec 138 jours en moyenne de l'année où le ciel est totalement clair. La durée moyenne de l'insolation est de 250.85 heures/mois (O.N.M Ouargla 2009), avec un maximum de 350.46 heures en juillet et un minimum de 246.72 heures en février. La durée d'insolation moyenne annuelle entre 1999 et 2009 est de 3199.17 heures/an, soit environ 9 heures/jour.

I.13. Conclusion

La région étudiée appartient au Sahara du Nord. D'après les bilans climatiques de l'O.N.M. de Ouargla de 2009, on constate :

- Le climat est typiquement saharien ou hyperaride (Hiver tempéré, Eté chaud).
- La température moyenne annuelle est de 15.20°C avec un écart de température entre le jour et la nuit de 20 °C en été et 10 °C en hiver
- Les précipitations inter annuelles sont très faibles et irrégulières avec une moyenne de 64.3 mm entre les deux stations de Ghardaia et de Ouargla.
- Les vents dominants sont du Nord-Ouest en hiver et du sud en été (sirocco).
- L'évaporation moyenne annuelle est de l'ordre de 3290.2mm
- L'humidité moyenne est de 40.8 % avec un taux maximal de 58.8 % au mois de janvier
- L'insolation est estimée à 3199.7 h/an.

Chapitre II
Géologie régionale et locale

Chapitre II- Géologie régionale et locale

II.1. Introduction

Dans ce chapitre, nous présentons la stratigraphie et le cadre tectonique des différentes formations de la région étudiée, ainsi que la paléogéographie de l'extrémité occidentale du bassin de l'Oued M'ya.

II.2. Géologie régionale

L'histoire géologique de l'Algérie s'inscrit dans une longue évolution géodynamique. Dans son état actuel, l'Afrique du Nord correspond à une zone ayant subi plusieurs phases de déformation et de sédimentation depuis le Précambrien (Figure 04). La géologie de la partie septentrionale de l'Algérie est marquée par l'empreinte de l'orogenèse alpine (domaines tellien et atlasique). Le linéament majeur du pays correspond à la *flexure sud-atlasique* qui sépare l'Algérie alpine au Nord de la plate-forme saharienne au Sud, constituée pour l'essentiel de terrains du Précambrien et du Paléozoïque. Cette plate-forme a peu évolué depuis la fin du Paléozoïque et correspond *de facto* à un domaine cratonique relativement stable (Fabre, 1976 ; Coward et Ries, 2003).

II.3. Définition de la plate-forme saharienne

La plate-forme saharienne, située au Sud de la flexure sud-atlasique, s'étend sur une superficie de 8.000.000 km^2 et concerne plusieurs pays du Nord du continent africain (Figure 05). Elle constitue un domaine cratonique stable depuis le Paléozoïque. On y rencontre des terrains très anciens, du Protérozoïque (1,8- 2 Ga ; Trompette, 1995) mis en place à l'Archéen et lors de l'orogenèse éburnéenne. Ces formations constituent de vieux boucliers stables, comme le bouclier Réguibat par exemple (Rocci *et al.*, 1991). Le bouclier du Hoggar, également très ancien, a subi de surcroît les effets de l'orogenèse panafricaine (Liegeois *et al.*2003). Des terrains paléozoïques plus ou moins plissés, une couverture sub-horizontale de dépôts secondaires et tertiaires auxquels s'ajoutent de vastes recouvrements superficiels : sables, argiles et cailloutis (regs) quaternaires (Alloul., 1981).

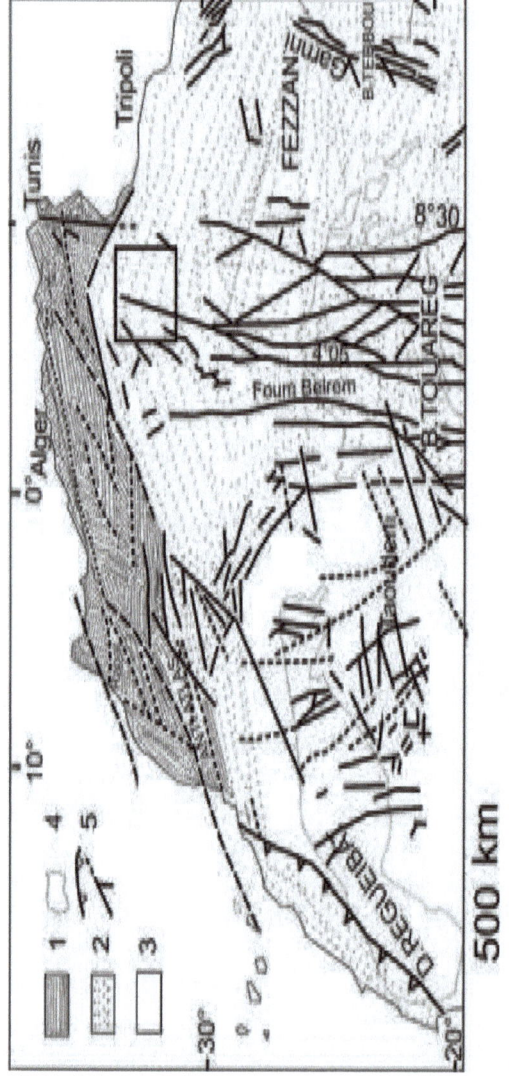

Figure 4: *Les grandes provinces et les grandes fractures au Sahara central et occidental d'après Fabre (1976).*

1 Domaine alpin dernières déformations entre le Mésozoïque et l'actuel
2 Domaine panafricain, repris par des orogenèses au paléozoïque
3 Domaine éburnéen cratonisé au Prétorozoïque inférieur
4 Contour des principaux affleurements de Précambrien
5 Failles majeures et grandes zones de chevauchements

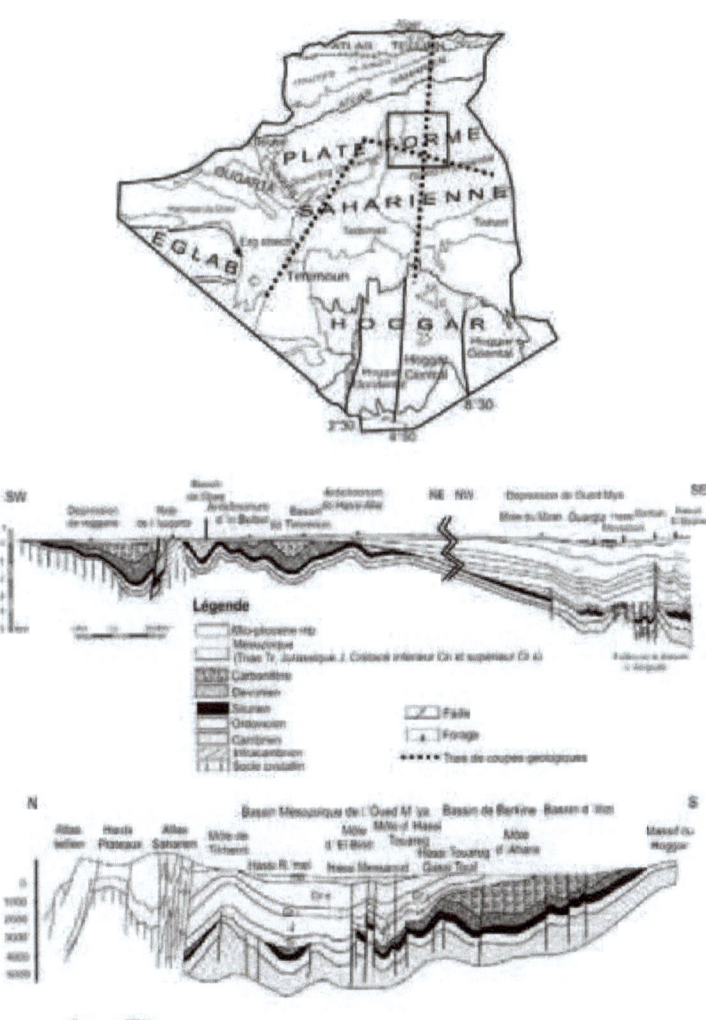

Figure 5: *Domaines et coupes géologiques de l'Algérie (ORGM, 2007, SONATRACH 1987, WEC 2007).*

13

II.4. Géologie locale de la cuvette du bas Sahara

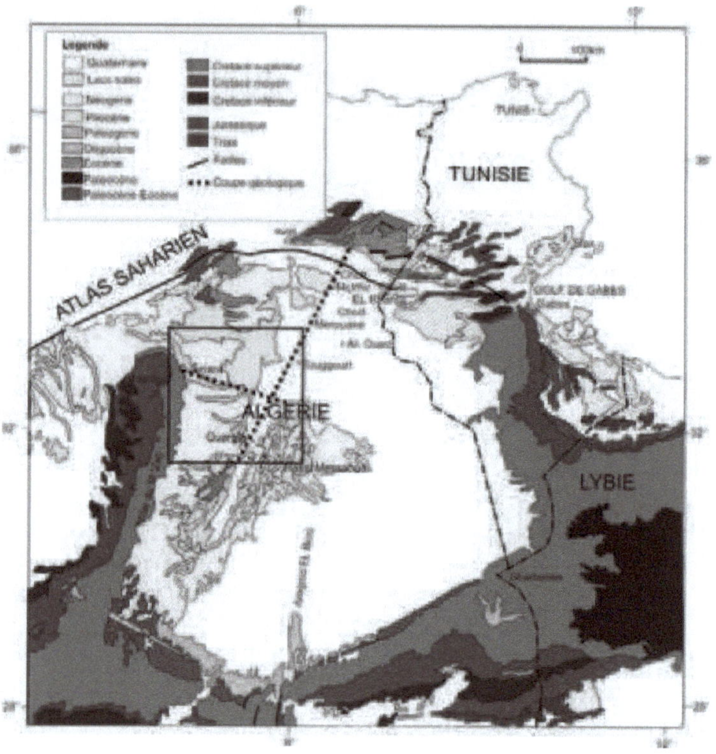

Figure 6: *Carte géologique du bas Sahara d'après ERESS (1972).*

La région du Bas-Sahara se présente comme une vaste cuvette limitée à l'Ouest par la dorsale du Mzab, au Sud par les hamadas du Tadmaït et de Tinhert et à l'Est par les plateaux du Dahar tunisien (*Fig. 06*). Ses bordures, de hauteur modeste, s'inclinent en pente douce vers la partie déprimée matérialisée par l'axe SSO-NNE des Oueds M'ya et Righ. Vers le Nord au contraire, elle est dressée au-dessus d'une dépression longitudinale occupée par des chotts et dont le fond est inférieur au niveau de la mer.

14

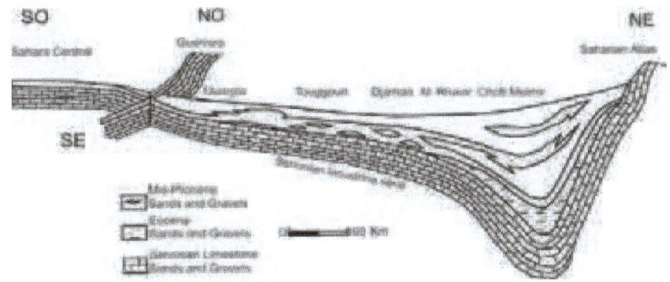

Figure 7: *Coupe géologique NE-SO dans le bassin de Oued M'ya. ERESS 1972 modifiée.*

Une haute barrière composée des Monts des Ouled Nail, de l'Aurès et des Nememcha en constitue la limite.

II.5. Litho-stratigraphie

Dans la région de Guerrara, seuls les terrains du mio-pliocène et de petits bancs crétacés affleurent (Figure 07), ils sont recouverts par une faible épaisseur de dépôts quaternaires (terrasses fluviatiles, ergs et dunes) (Cornet, 1964). Selon (Gautier et Gouskov, 1951) et les données de forages hydrauliques et pétroliers (Annexe I) nous donnent les différentes formations géologiques suivantes :

II.5.1. L'Aptien

Il est constitué par la " barre aptienne " dans la région de Ouargla, qui est formée de marnes dolomitiques, gris vert, brunes ou blanches, et de dolomies cristallines. Son épaisseur est variable, elle est comprise entre 20 et 26 m. L'Aptien est considéré comme imperméable dans son ensemble Gautier et Gouskov, 1951.

II.5.2. L'Albien

Sur la région d'Ouargla, l'Albien correspond à la formation supérieure du Continental Intercalaire. Ce sont des grès, des argiles et des sables. L'épaisseur de cette formation est variable (417 - 432 m). Les éléments détritiques (non argileux) sont largement prépondérants (70 à 90 %) et sont représentés par des grès fins avec des passées de grès moyens et parfois d'intercalations de sables grossiers à limons argileux ou souvent carbonatés. On note des passées d'argiles brun-rougeâtre, elles sont même

15

pélitiques et sableuses. En profondeur, l'Albien correspond à un horizon aquifère Gautier et Gouskov, 1951.

II.5.3. Le Vraconien

Dans le bassin oriental du Sahara algérien, le Vraconien est le terme de passage entre l'Albien sableux (sommet du Continental Intercalaire) et le Cénomanien argilo-carbonaté (base du Complexe Terminal). Il est constitué de :

Argiles, marnes dolomitiques noirâtres contenant des éléments détritiques.

Dolomies et quelquefois calcaires dolomitiques parfois argileux contenant de rares débris de mollusques.

Son épaisseur est comprise entre 50 m et 100 m. Gautier et Gouskov, 1951.

II.5.4. Le Cénomanien

Le Cénomanien est constitué par une alternance de dolomies, de calcaires dolomitiques, d'argiles et d'anhydrite. L'épaisseur des bancs est de 1 à 5 mètres environ. Il est formé de deux séries (inférieure et supérieure) :

La série inférieure est constituée par des calcaires dolomitiques et des marnes grises, avec parfois des argiles brun-rougeâtre ou gris-verdâtre ; son épaisseur varie entre 80 et 130 m. On note aussi quelques passées de calcaires dolomitiques en particulier à la partie médiane de la série.

La série supérieure est formée d'une alternance d'argiles et de marnes dolomitiques grises, parfois d'argiles salifères, de bancs d'anhydrite, de quelques intercalations dolomitiques, et de passées de sel gemme, son épaisseur est de l'ordre de 100 m. Gautier et Gouskov, 1951.

II.5.5. Le Turonien

Il se présente sous forme d'une dalle ayant une épaisseur régulière (" barre turonienne "), son épaisseur est de l'ordre de 90 m. Il s'agit d'une série essentiellement calcaire : calcaire massif à pores millimétriques blanc, parfois beige, quelquefois dolomitique. Gautier et Gouskov, 1951.

II.5.6. Le Sénonien

Dans le bassin oriental du Sahara algérien, le Sénonien est constitué de deux formations lithologiques superposées :

Le Sénonien lagunaire à la base et le Sénonien carbonaté au sommet

II.5.6. 1. Le Sénonien lagunaire

Le Sénonien lagunaire est constitué par une alternance irrégulière de bancs d'anhydrite, de dolomie, d'argile et de sel. Les variations de faciès sont peu importantes. Les proportions d'anhydrite, de dolomie, d'argile et de sel varient d'un point à un autre dont l'épaisseur cumulée de sel peut atteindre 140 mètres. L'anhydrite forme des bancs dont l'épaisseur peut atteindre quelques mètres. La dolomie constitue parfois des barres plus importantes (10 à 15 mètres). Les argiles sont moins épaisses, les niveaux argileux ne dépassant généralement pas 1 à 2 mètres d'épaisseur. Les bancs de sel ne se rencontrent que dans certaines zones, toujours à la base du Sénonien lagunaire. L'épaisseur de cette formation varie de 0 à 500 mètres ; elle augmente rapidement vers le nord. Gautier et Gouskov, 1951.

La limite inférieure du Sénonien lagunaire est généralement franche : les évaporites et les argiles du Sénonien se distinguent facilement des calcaires et des dolomies turoniennes. La transition Sénonien lagunaire / Sénonien carbonaté est floue. On peut raisonnablement prendre comme limite supérieure du Sénonien lagunaire : soit le toit du dernier banc d'anhydrite lorsque le changement est franc, soit le niveau où le pourcentage des carbonates devient supérieur à celui des évaporites, lorsque le changement de faciès est progressif. Gautier et Gouskov, 1951.

II.5.6.2. Le Sénonien carbonaté

Le Sénonien carbonaté est essentiellement constitué de dolomies et de calcaires dolomitiques, avec des intercalations de marnes et d'argiles, plus rarement d'anhydrite. Comme pour le Sénonien lagunaire, les variations de faciès sont peu importantes. Les épaisseurs augmentent vers le nord. Le sommet de la formation est souvent marqué par un petit banc de calcaire à silex. La limite inférieure peut ne pas être franche. La limite supérieure du Sénonien carbonaté est toujours difficile à situer car il y a toujours continuité lithologique et identité de faciès entre le Sénonien carbonaté et l'Eocène carbonaté qui le recouvre. Ces deux formations, constituées de calcaires de même nature, ne peuvent être distinguées qu'en ayant recours à des critères paléontologiques. Ainsi, dans certaines coupes de forages pétroliers, les calcaires sont-ils attribués à l'Eocène lorsqu'ils contiennent des nummulites, au Sénonien lorsque les nummulites sont absentes. Gautier et Gouskov, 1951.

II.5.7. L'Éocène

Dans L'Éocène, on distingue deux formations lithologiques, comme dans le

Première partie :
Chapitre II :
Données bibliographiques sur la zone d'étude
Géologie régionale et locale

Sénonien, l'Eocène carbonaté à la base et l'Éocène évaporitique au sommet. Gautier et Gouskov, 1951.

II.5.7. 1. L'Éocène Carbonaté

L'Éocène carbonaté a des caractéristiques lithologiques qui le rendent difficile à distinguer des calcaires et des dolomies du Sénonien ; seules la présence ou l'absence de certains fossiles caractéristiques (nummulites) permettent de faire la différence. Les calcaires ont tendance à prédominer sur les dolomies et les évaporites qui sont beaucoup plus rares que dans le Sénonien, sinon totalement absentes. Les calcaires à silex rencontrés au sommet du Sénonien carbonaté se poursuivent dans l'Éocène.

La microfaune est représentée par des nummulites, des milioles, des globigérines et des dasycladacées. Gautier et Gouskov, 1951.

II.5.7.2 L'Éocène Evaporitique

Au-dessus de l'Éocène carbonaté, on trouve une formation constituée d'une alternance des calcaires, d'argiles, de marnes et d'anhydrite. À cette formation est associée une microfaune, d'âge éocène, constituée de nummulites, de milioles et de globigérines. Dans le Bas Sahara, cette formation est connue sous l'appellation d'Éocène évaporitique. Son épaisseur est faible. La limite supérieure de l'Eocène évaporitique est définie par la discordance des sables et argiles du Mio-Pliocène. Gautier et Gouskov, 1951.

II.5.8. Le Mio-Pliocène

Le Mio-Pliocène est représenté par un puissant ensemble de sables et d'argiles, qui repose, en discordance, sur diverses formations: Paléozoïque, Cénomanien, Turonien, Sénonien ou Éocène. Les niveaux sableux, argileux ou argilo-sableux ont une structure lenticulaire. Le Mio-Pliocène est caractérisé par une forte hétérogénéité, aussi bien dans la direction verticale que dans les directions horizontales. D'après Savornin (1934), ce sont, en majeure partie, des produits d'altérations superficielles. Il est représenté par des sables, limons et argiles rubéfiés, leurs épaisseurs est maximum au centre de la fosse sud-aurasienne.

Le Miocène est représenté par des grès, sables, limons rougeâtres à passées argileuses brunâtres datés du Pontien par des hélicidés de l'espèce *Helix tissoti*. Les formations néogènes détritiques (Miocène) recouvrent en grande partie le plateau des dayas et la cuvette du bas Sahara et sont chapotées par des calcrètes (Pliocène) datées par des mollusques d'eaux saumâtres de l'espèce *Cardium edule*, formées suite à la remontée des eaux d'imprégnation. Cette formation atteint par endroits une dizaine de mètres (Dalloni ; 1936).

Le Pliocène consiste en une corniche calcaire blanchâtre qui correspond à la carapace hammadienne et qui s'incline légèrement vers le Sud-Est. Cette formation recouvre en grande partie la région des dayas. Des rognons siliceux sont disséminés dans ces dépôts lacustres (Savornin 1934).

Le Pliocène continental forme les terrasses caillouteuses du plateau des dayas et mozabites, il est formé essentiellement de cailloux, sables et limons rougeâtres recouvert par une calcrète « hammada » caractérisant le sommet des affleurements néogène du Sahara (Dalloni ; 1936).

Dans le bas Sahara, cette formation a été découpée par Hadj-Abderahmen (1998), Cornet (1964), Bel et Dermagne (1966), en quatre niveaux différents (pas rencontrés dans tous les sondages hydrauliques du Mio-Pliocène) :

Le niveau 1, de faible épaisseur et essentiellement argileux, n'existerait que dans la zone centrale du Sahara oriental ;

Le niveau 2, gréso-sableux, serait le niveau le plus épais et le plus constant ; son épaisseur serait maximale au sud de Gassi-Touil (400 m). Ce niveau s'étendrait sur l'ensemble du Sahara oriental et occidental.

Le niveau 3 est représenté par une petite formation argilo sableuse, dont les limites inférieure et supérieure sont assez mal définies.

Le niveau 4 est le deuxième niveau sableux du Mio-Pliocène. Ce niveau est très épais dans la zone des Chotts ; son sommet affleure sur de grandes surfaces et il est constitué par une croûte calcaro-gréseuse (croûte hamadienne).

II.5.9. Le Quaternaire

Ces formations sédimentaires, spécifiquement sahariennes, sont des alluvions, des dépôts fluviatiles, des dunes et des regs. À la base du Quaternaire, il existe un niveau argilo-gréseux qui se présente comme une croûte ancienne. Le niveau le plus superficiel est constitué de sable éolien parfois gypseux et des produits de remaniement des terrains mio-pliocènes. Les nappes phréatiques sont généralement contenues dans ce dernier niveau.

Sur le plateau, le sol est constitué d'un matériau meuble exclusivement détritique, hérité de l'altération du grès à sable rouge du Mio-Pliocène. C'est le sol le plus pauvre en gypse de la région, jusqu'à 8 m de profondeur, il ne présente aucun niveau d'encroûtement, entre 25 et 75 cm de profondeur, il s'agit d'un sol sableux à graviers.

Sur les dayas, les chotts et les terrains intermédiaires, l'horizon de surface est une croûte gypseuse épaisse présentant des formes polygonales, blanchâtre et partiellement couverte de voiles de sable éolien gypso-siliceux. Les sebkhas sont associées à une végétation gypso halophiles.

Les dunes sont du sable éolien d'origine gréseux provenant de Hamada Mio-Pliocène. Il existe dans les talwegs, sur les bordures des sebkhas, et sur les versants rocheux.

II.6. Cadre tectonique

Dans son ensemble, la dépression de l'Oued M'ya est le résultat de mouvements compressifs N0-SE et N-S du Mésozoïque et du Cénozoïque ainsi que de la réactivation à partir du Sénonien d'anciens accidents tectoniques hercyniens. Cette dépression a constitué plus tard un milieu favorable pour le dépôt des formations néogènes et quaternaires du bas Sahara (Aliev , 1972).

La phase hercynienne a structuré les formations du Paléozoïque (Dévonien à Permien) et même les plus anciennes (Cambro-ordoviciennes) en selle (mole) et dépression (mouvements distensifs et compressifs), suivi de mouvements post-triasiques (Tableau 02). Un évènement capital intervient à la fin du Trias, la région septentrionale, occupée jusque-là par la fosse de Berbérie, voit se former les chaînes atlasiques par surrection de sédiments subissant des poussées venant du Nord (Monts des Ouled Nail, Massif des Aurès et Monts des Nememcha).

Le contrecoup de l'orogenèse atlasique sur le socle saharien est à l'origine de l'apparition de déformations à grand rayon de courbure. Les calcaires crétacés du M'zab sont transformés en antiforme, ceux du Tademaït en cuvette (syncliforme). Au Sud, l'axe Amguid-El Biod s'effondre pour faire place à un axe synclinal méridien qui se poursuit jusqu'aux Aurès. Des axes secondaires apparaissent çà et là : citons la ride anticlinale NO-SE de Messad-Touggourt et la ride Sud parallèle passant au Nord de Guerrara. Elle se prolonge vers l'Est par la ride Hassi Messaoud-frontière tunisienne. La ride anticlinale, EO, de Tozeur prolongée vers l'Ouest par plusieurs branches ; la ride de Sidi Rached et celle de Sidi Khelil dans l'Oued Righ. L'ondulation de Stil (petit plissement de faible étendue) au Nord-Ouest du chott Mérouane. Ainsi, le choc de la surrection atlasique semble avoir fait naître des ondes concentriques sur la couverture sédimentaire du socle saharien autour de la fosse créée au pied des Aurès (Bel et Dermagne., 1966).

La tectonique atlasique a également d'autres conséquences, les bancs rigides de la couverture sédimentaire saharienne, celui du Turonien et celui du Sénonien et de l'Éocène, sont affectés par des diaclases nombreuses, des fractures et même des failles. D'importantes pertes de boue ayant été constatées lors des forages, il n'est pas impossible qu'une karstification se soit développée à la faveur de ces fractures, avant leur recouvrement par les formations du Continental terminal (Busson, 1970).

Tableau 2*: Tableau résumant l'ensemble des événements tectoniques et sédimentaires au niveau de la plate-forme saharienne (Makhous et Galuskin., 2003).*

Temps ~ (Ma)	Eléments tectoniques	Mouvements tectoniques	Transgression/ Régression	Type de sédimentation
235 – 210 (Trias)	Bassins d'est et du nord	Subsidence	Transg/reg	Evaporites (de lagon, détritiques)
210 – 145 (Jurassique)	Bassins	Subsidence, soulèvement mineur	Reg/transg	Evaporites (de lagon, détritiques)
145 – 65 (Crétacé)	Bassins d'est et du centre	Subsidence, soulèvement mineur	Reg/transg	Carbonates, évaporites et détritique
65 – 3 (Tertiaire)	Bassin d'Est	Subsidence/Orog alpine	Transg/reg	Détritique, carbonates

II.7. Paléogéographie

Des transgressions marines de courte durée se sont produites dans la région au Mésozoïque (notamment au Crétacé) et au Tertiaire, et n'ont pas atteint le Miocène. Pour Savornin (1934), la formation mio-pliocène continental semble avoir débuté au moment de la régression marine vindobonienne. L'essentiel des sédiments détritiques

21

Première partie :
Chapitre II :
Données bibliographiques sur la zone d'étude
Géologie régionale et locale

accumulés à la fin du Miocène est représenté par des sables éoliens et fluviatiles et par des argiles continentales. Du Paléocène à l'Éocène, des conditions équatoriales ont régné sur le Sahara méridional (Millot.1964) et des conditions tropicales au nord du Sahara (Faure 1962). Abdeljaoued (1987) montre sur la bordure Sud-Est du bassin de la Tunisie (qui représente le prolongement du bassin de l'Oued M'ya) que les dépôts de la formation détritique continentale sont dus à une émersion. Selon Furon (1960), Louvet & Magnier (1971), une mer épicontinentale s'est étendue à l'Éocène inférieur sur le nord du Sahara. Après l'Oligocène, cette mer se retire progressivement. L'abaissement des niveaux statiques des Oueds majeurs est probablement lié au rétrécissement de la mer à la fin du Miocène, laissant apparaître un climat aride (Jaeger, 1975). Les stades subhumides marqués par une épigénie des carbonates sont subordonnés à l'oscillation des nappes aquifères et à l'action des eaux météoriques (Abdeljaoued, 1989). La présence de dépôts éoliens et l'installation d'un climat désertique sont synchronisés avec la présence d'un milieu abrité (cuvette) à la suite d'une subsidence tectonique (Berggren et al., 1974).

II.7.1 La sédimentation laguno-marine du Crétacé supérieur et de l'Eocène

Sur les alluvions uniformément épandues du Continental intercalaire apparaît, au Vraconien, un régime de lacs et de lagunes ; dû à l'amaigrissement des écoulements du Continental intercalaire. Il engendre des dépôts alternés d'argile, de dolomie, d'argiles sableuses, de grès à ciment calcaire. Durant le Cénomanien inférieur, une mer peu profonde s'avance vers le Sud, jusqu'aux Tassili, mais elle connaît plusieurs phases de régression. Ses dépôts se composent ainsi d'une alternance d'argile et d'anhydrite. Le Cénomanien supérieur est plus franchement marin avec des dépôts de dolomie et de calcaire dolomitique disposés en bancs de quelques mètres d'épaisseur entre lesquels apparaissent encore de l'anhydrite et de l'argile gypsifère. Faciès et épaisseur des dépôts varient vers le Nord-est, les carbonates deviennent plus importants et la puissance des bancs s'accroît (Bel et Dermagne, 1961), (Cornet, 1961) ils indiquent l'origine vraisemblable de la transgression cénomanienne.

Le Turonien voit s'établir un régime marin franc responsable du dépôt de calcaires et de dolomies sur l'ensemble du Sahara algérien. Le banc carbonaté homogène sur toute son étendue présente une grande épaisseur pouvant atteindre, par endroits, plus de 100 mètres. Cependant, des variations de faciès peuvent être observées. Légèrement lagunaire au Sud (présence de marnes vertes à anhydrite dans les régions du Tademaït et du Tinhert), le Turonien devient plus franchement marin au centre (présence exclusive de calcaires et de dolomies) et au Nord (prédominance des marnes). Ce changement de faciès s'accompagne d'un épaississement des sédiments qui montrent que le rebord de la plate-forme est toujours affecté de mouvements de subsidence. (Bel et Dermagne, 1966).

Dès la fin du Turonien, la mer est remplacée par des lagunes ; les eaux sont moins profondes et parfois elles disparaissent entièrement, provoquant des émersions momentanées. Les dépôts présentent alors une alternance irrégulière de bancs d'anhydrite, de dolomie, d'argile et de sel. Les bancs ont une puissance de quelques mètres seulement. L'anhydrite et le sel peuvent cependant constituer des couches de dix mètres et plus. L'ensemble de ces dépôts dont l'épaisseur varie de 0 à 600 mètres appartient au Sénonien inférieur lagunaire. Comme les dépôts précédents, celui-ci voit sa puissance s'accroître rapidement vers le Nord. (Bel et Dermagne, 1966).

Une nouvelle transgression marine se manifeste au Sénonien supérieur. Elle est responsable du dépôt de dolomies, de calcaires dolomitiques et d'intercalations de marnes, d'argiles et quelque fois d'anhydrite. Leur faciès varie peu, mais leur épaisseur augmente régulièrement vers le Nord. Tandis que se poursuit la subsidence nord-orientale, un mouvement d'exhaussement se manifeste au Nord-Ouest. Les formations déjà déposées dans cette région commencent à émerger et il se peut que le Sénonien marin n'ait jamais existé à l'Ouest du méridien de Laghouat. Dans le même temps, au Sud du bassin, un grand axe anticlinal NNE-SSO se forme au-dessus du haut-fond précambrien d'Amguid - El Biod jalonné aujourd'hui par des gisements pétroliers (Hamra, Rhourde Nouss, Gassi Touil et Nezla (Cornet, 1961).

Mais la sédimentation dans le Sahara nord-oriental est peu affecté par ces mouvements. Les calcaires à silex que l'on rencontre au sommet du Sénonien caractérisent aussi l'Éocène inférieur ; seule la présence de Nummulites les distingue. Pourtant, les calcaires prédominent sur les dolomies et les évaporites deviennent rares. Bien que les Nummulites n'aient pas été trouvées sur toute l'étendue du Bas-Sahara, il est probable que la mer Éocène s'étendait à l'ensemble du bassin. Tandis que se poursuit au Nord un mouvement de subsidence révélé par un accroissement des épaisseurs des dépôts carbonatés du Sénonien et de l'Éocène de 160 mètres près d'Ouargla à 600 mètres dans la région des chotts, un soulèvement s'opère au Nord-Ouest (Cornet, 1961).

Quoi qu'il en soit, la mer n'occupe plus, après l'Éocène inférieur, qu'un golfe très réduit dans la partie septentrionale de la cuvette. Sa faible profondeur et son extension, limitée au Sud à l'embouchure de l'oued Mzab, en font une mer résiduelle, où se déposent alternativement des calcaires, des argiles, des marnes et de l'anhydrite. Cet Éocène évaporitique achève d'ailleurs sa formation à l'Éocène moyen quand la mer se retire définitivement de la plate-forme saharienne.

II.7.2 Durant le Tertiaire

Les hautes montagnes de l'Atlas subissent, à partir du Miocène surtout, une érosion intense qui permet la construction d'un vaste glacis de piémont composé de sables et d'argiles rouges reposant, en discordance, sur des terrains variés allant du Paléozoïque à l'Ouest et l'Éocène à l'Est. Ces terrains fluvio-lacustres recouvrent d'immenses étendues de part et d'autre de la dorsale mozabite émergée et s'étalent très loin vers le Sud où ils forment aujourd'hui le substratum des grands ergs. Leur épaisseur varie de quelques mètres à plus de 2 000 mètres dans la fosse sud-aurasienne toujours affectée par la subsidence.

L'accumulation constante de grandes masses de sédiments dans cette région septentrionale indique une activité tectonique quasi permanente pendant le Tertiaire.

Les chotts actuels, reliquats d'une mer Miocène, sont alimentés en sel gemme par lessivage des terrains salifères antérieurs, notamment du Tertiaire (Gouskov, 1952), (Castany, 1982).

La sédimentation continentale s'achève, après la mise en place de formations lagunaires discordantes, par une période lacustre, vraisemblablement pliocène, assurant le dépôt d'une dalle calcaire de 2 à 10 mètres d'épaisseur sur une grande partie des affleurements antérieurs. C'est alors qu'intervient une nouvelle phase tectonique à la fin du tertiaire affaissant la fosse sud-aurasienne, exhaussant le M'zab et les rides anticlinales septentrionales, déprimant l'axe synclinal Tademaït - Melrhir, flexurant et faillant même la bordure de la cuvette où vont, pendant le Quaternaire, s'écouler les oueds M'ya, Igharghar et Righ et se former les grandes dunes de l'Erg Oriental.

Le Bas-Sahara a désormais atteint sa structure actuelle en cuvette synclinale dissymétrique bordée à l'Ouest par le môle du M'zab, au Sud et à l'Est par des bancs à pendage faible tandis qu'au Nord une fosse profonde se creuse au pied de l'Aurès et redresse presque à la verticale les sédiments déposés. (Gouskov, 1952).

II.8. Conclusion

Le bassin sédimentaire de la plate-forme saharienne dans lequel se localise notre étude enregistre les grandes étapes de l'évolution géodynamique du Sahara oriental et central d'Algérie. L'interprétation synthétique des travaux de recherche fondamentale, étayée par ceux des compagnies pétrolières sur des forages traversant les formations parfois jusqu'au socle, permet de préciser l'évolution du bassin intracratonique de la plate-forme saharienne qui se décline selon le triptyque suivant :

L'étape cambrienne est caractérisée par l'accumulation de sédiments en discordance sur la surface infra-tassilienne (Beuf *et al.,* 1971). Ces dépôts, qui marquent le début de la sédimentation au niveau de la plate-forme saharienne, proviennent de l'érosion de la chaîne panafricaine (Fabre, 1976)

L'étape paléozoïque–post cambrienne est caractérisée par l'accumulation d'épaisses séries principalement détritiques dans des domaines fortement subsidents. Les bassins s'individualisent, subsidence à l'Ouest et à l'Est et érosion des formations Paléozoïques à la fin du cycle hercynien suivie directement par les formations mésozoïques. Les grands accidents tectoniques affectant le socle ont créé des môles rigides séparant les différents bassins sédimentaires, ainsi, leurs érosions a contribuée au remplissage des bassins avoisinant durant le Mésozoïque et le Cénozoïque (Sonatrach, 1987).

L'étape méso-cénozoïque, contemporaine de la dislocation du super-continent du Gondwana et de l'ouverture de l'Atlantique. Les dépôts sédimentaires ont une épaisseur variable et qui demeure limitée. Un bombement thermique affecte le Sahara occidental de la plate-forme saharienne. Il précède l'ouverture de l'Océan Atlantique qui s'accompagne de l'intrusion des dolérites au Jurassique. La phase de refroidissement qui suit la fin de la seconde période de rifting (Jurassique supérieur –Crétacé inférieur) conduit à une subsidence thermique de la plate-forme saharienne et à son envahissement par la mer au Crétacé supérieur. Au cours du Cénozoïque, la mise en place d'importants corps magmatiques plutoniques dans le Hoggar va conduire à la surrection de ce massif, réactivation des grands accidents tectoniques N-S et, plus distalement, à l'évolution thermique par réchauffement des bassins sédimentaires et du côté Nord la formation de la chaine atlasique qui a bloqué la progression des sédiments du sud vers le Nord et qui a mis en place les formations du Mio-Pliocène.

Deuxième

Partie

Matériels et Méthodes

Chapitre I

Matériels & méthodes

Chapitre I - Matériels et méthodes

I.1 Introduction

Les analyses sédimentologiques disponibles pour étudier les formations meubles sont nombreuses et requièrent de faire un choix, parmi les méthodes possibles, dicté par la nature du sédiment étudié et les résultats escomptés.

L'étude sédimentologique comprend une panoplie d'essais de laboratoire, suivis par une représentation graphique et se terminant par une interprétation.

Dans le cas des terrasses fluviatiles et alluviales, les résultats de l'analyse sédimentologique doivent apporter des éléments de réponses sur la composition des constituants des terrasses, leur origine, les conditions de leur dépôt et l'évolution subie après leur mise en place.

I.2. Méthodes sédimentologiques

I.2.1. In situ

Comme dans toute discipline naturaliste, l'étude sédimentologique des dépots fluviatiles, alluviales ou fluvio-lacustres requiert une longue pratique de terrain, consacrée beaucoup plus à l'observation, à la description et à l'échantillonnage qu'à la prospection ou à l'expérimentation.

Sur la coupe elle-même, c'est l'observation détaillée des niveaux stratigraphiques, avec un relevé systématique de tout ce qui affleure. Après ce travail, la description des assises peut avoir lieu, en relevant les limites de couches, le pendage, les variations de couleur, de granulométrie, de texture. Vient ensuite l'étape de l'échantillonnage.

Nous avons été amenés à réaliser 220 prélèvements (échantillons désagrégés): pour la sédimentologie et pour l'étude microscopique et minéralogique. Et des échantillons en block pour la confection des lames minces de micromorphologie. Ces prélèvements de 1 à 1.5 kg s'effectuent du haut vers le bas, (perpendiculairement à la direction des couches) et en ne prélevant pas dans les limites de couches. L'échantillonnage est réalisé avec un pas serré de 20 cm pour les unités minces et de 1 mètre pour les unités épaisses en vue de l'obtention d'une continuité stratigraphique et pour observer d'éventuelles variations latérales.

I.2.2. Au laboratoire

I.2.2.1. La granulométrie

La granulométrie est l'étude de la répartition de la taille des grains dans un sédiment. Elle est utilisée pour reconstituer les conditions de transport et de dépôt des particules. Dans notre étude, nous nous sommes basés sur le classement de Miskoysky et Débard (2002) (Tableau 3).

Tableau 3: *Répartition granulométrique des constituants d'un sédiment*
(D'après Miskovsky et Debard, 2002 selon NFP 94-056).

Diamètre des éléments	Classe granulométrique	Fraction granulométrique
Au-dessus de 10 cm	Blocs	
De 10 cm à 1 cm	Pierres ou cailloux	Fraction grossière
De 1 cm à 2 mm	Granules, graviers	
De 2 mm à 0,2 mm	Sables grossiers	
De 0,2 mm à 40 µm	Sables fins	Fraction fine
De 40 µm à 2 µm	Limons ou poudres	
Au-dessous de 2 µm	Argiles	

I.2.2.1a La fraction grossière

La fraction grossière, dont le diamètre est supérieur à 2 mm, est récupérée pour réaliser la granulométrie des pierres, leur pétrographie et étudier leur morphologie.

Vu la faible quantité de cette fraction grossière, cette étude s'est limitée à une quantification approximative sur terrain.

I.2.2.1b La fraction Fine

L'analyse granulométrique de la fraction fine < 2mm a été réalisée au granulomètre laser. La fraction limono-argileuse est récupérée par tamisage à l'eau, des sables bruts sur tamis de 40 µm dans des coupelles et soumis à décantation (sédimentométrie) en utilisant la pipette de Robinson.

I.2.2.1c. Présentation des résultats (Figure 08)

Les résultats de la granulométrie sont aisément interprétables à partir de deux représentations graphiques, établies à partir des résultats bruts : ce sont les courbes des fréquences cumulées. (Annexe III).

C1. La courbe de fréquence est obtenue en portant en abscisse la taille de la maille des tamis et en ordonnée les pourcentages du refus de chaque tamis.

C2. La courbe cumulative s'obtient en portant en abscisse la taille des tamis et en ordonnée les pourcentages totaux cumulés.

I.2.2.1d. Diagramme de (Freidman., 1961) : c'est un diagramme comportant la corrélation de plusieurs paramètres sédimentologiques avec leurs milieux de dépôt.

I.2.2.1e. Diagramme de Passega : il est proposé par (Passega 1957) et prend en compte deux paramètres granulométriques : la médiane M qui est une valeur approchée du grain moyen du sédiment et le premier centile (percentile) qui est censé représenter le grain maximal, fonction de la capacité du courant de traction. En reportant sur une échelle bilogarithmique, le premier centile et la médiane, les divers dépôts de courant se répartissent selon le diagramme de Passega.

I.2.2.1f. La granulométrie laser : a été faite au laboratoire Beckman Coulter de Prague sur un granulomètre laser : modèle LS 13320. Cette technique a été pratiquée pour l'étude de tous les sites, elle présente de nombreux avantages par rapport à la granulométrie manuelle classique. Outre un gain de temps considérable dans l'obtention des résultats graphiques et des paramètres statistiques de la distribution, le granulomètre laser Coulter LS13320 possède une large plage de mesure qui permet de mesurer la taille des grains de 17 nm à 2 mm. L'avantage principal est donc d'avoir accès à la distribution de tous les lots granulométriques : argiles, limons et sables en une seule mesure.

Cependant, il est important de noter que les résultats obtenus par le granulomètre laser donnent des pourcentages en volume alors que ceux du tamisage classique sont en poids.

L'usage du granulomètre laser ne nécessite pas de traitement particulier, si ce n'est de respecter les concentrations optimales admises par l'appareil.

Les échantillons sont versés dans le module voie humide, avec l'eau comme fluide transporteur, où ils subissent une défloculation par ultrasons durant 30 secondes. Dans la cellule de mesure, le faisceau laser rencontre les particules dont le trajet est guidé par un courant. Le granulomètre laser utilise le modèle de diffraction de *Fraunhofer (basé sur la réflexion du rayonnement laser sur les particules du sédiment, qui se réfracte par des angles différents relatifs à la taille des grains)*. Les particules se comportent dans cette situation comme des déflecteurs et réémettent la lumière incidente avec une intensité et un angle qui dépendent de leur taille.

La lumière diffractée par chaque particule va, avec un certain angle, traverser une lentille de Fourier. Le principe est que toutes les particules de même taille diffractent selon le même angle et tombe alors sur le même détecteur, il y a alors comptage.

Le granulomètre à diffraction laser Coulter LS 13320 comporte 127 détecteurs. On obtient ainsi une courbe de flux lumineux qui combine tous les flux émis par les particules de différentes tailles. Le logiciel convertit ensuite les courbes de flux en courbes de volume des particules.

Le logiciel du granulomètre laser fourni directement les courbes désirées, avec possibilité de les superposer et calcule les différents paramètres définis pour les courbes granulométriques.

F1. Le mode est défini à partir de la courbe de fréquence : il exprime le diamètre de grains le plus fréquent dans l'échantillon et donne donc une information sur la taille des particules les mieux représentées dans le sédiment.

F2. La moyenne ou grain moyen de formule (Ø16+Ø50+Ø84)/3, exprime de façon générale la force du courant transporteur capable d'avoir mis en mouvement l'essentiel d'un sédiment donné. L'éloignement des sources se traduit fréquemment par une diminution du grain moyen (Folk et Ward., 1957*)*.

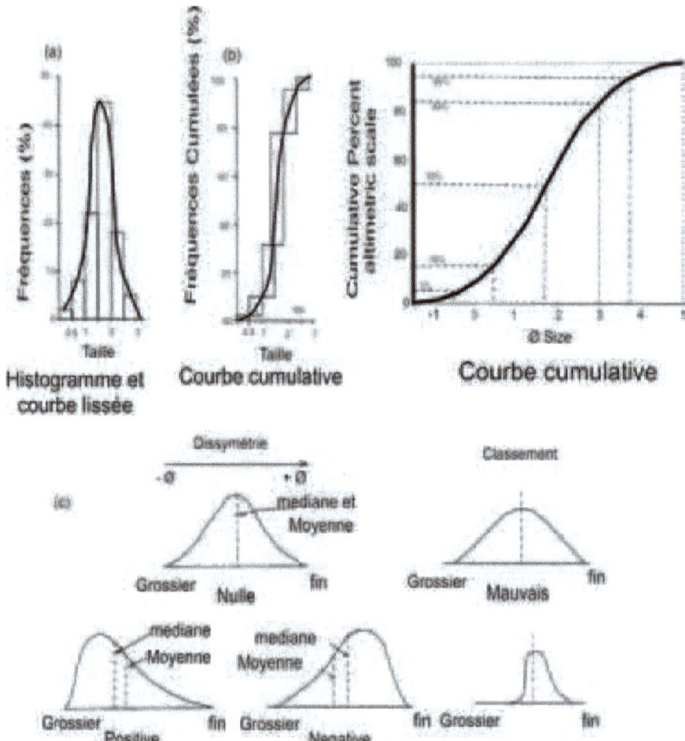

Figure 8*: Différentes représentations d'une granulométrie et modes de distributions* (Folk et Ward., 1957*).*

F3. La médiane (Md) est le diamètre correspondant à 50 % du poids total de l'échantillon analysé : elle reflète la force moyenne du courant transporteur. Les quartiles Q1 et Q3 sont les diamètres représentant respectivement les pourcentages cumulatifs de 25 % et 75 % du poids total de l'échantillon (Folk et Ward., 1957).

F4. L'asymétrie (skewness) de formule $[(Q1-Q3)/Md^2]^{1/2}$ qui indique la prépondérance, ou non, de particules fines (valeurs positives) ou grossières (valeurs négatives) par rapport à la moyenne de l'échantillon, le skewness Trask est parfait si Sk=1. Si Sk>1 le classement est meilleur du coté des particules fines. Si Sk<1 le classement est meilleur du coté des particules grossières (Folk et Ward., 1957).

30

F5. Le coefficient d'acuité (angulosité), ou kurtosis de formule [(P95-P5)/2.44*(Q3-Q1)] (définit l'étalement de la courbe : lorsqu'une courbe granulométrique fréquentielle est unimodale, un seul stock constitue le sédiment et la courbe est dite leptokurtique. Une courbe fréquentielle dite platykurtique est bimodale. Elle correspond au mélange de deux " populations " dans le sédiment (Folk et Ward., 1957*)*.

Ces différents paramètres et indices calculés permettent donc de caractériser le sédiment.

K < 0.67   Très platykurtique

0.67 <K <0.90   Platykurtique

0.90 < K<1.11   Mésokurtique

1.11<K< 1.50   Leptokurtique

K >1.50   Très leptokurtique

F6. L'indice de classement (So – sorting) $[Q1/Q2]^{1/2}$ indique la qualité du classement, il est lié à l'hydrodynamisme et dépend du mode de dépôt des sédiments. La composition mono ou polygénique du stock donne une information sur l'énergie de l'agent de transport. L'indice de classement permet une représentation visuelle des variations granulométriques observées sur les échantillons récoltées, il est également utile pour visualiser l'évolution de dépôt et les éventuelles lacunes, il se calcule en mm pour les sables. Plus il est élevé plus le classement est mauvais (Folk et Ward., 1957*)*.

< 2.50 φ très bien classé

2.50 – 3.50 φ sédiment normalement classé

3,50 – 4.50 φ sédiment assez bien classé

>4.50 φ sédiment mal classé

I.2.2.2. La sédimentométrie (pipette de Robinson)

A. Objectif de la méthode :

La méthode Robinson est utilisée pour déterminer la fraction des particules plus petites que 38 micromètres. La méthode est basée sur la différence de vitesse de sédimentation entre les particules légères et les plus grosses. La sédimentation des particules résulte des deux forces opposées : gravité et friction entraînant un mouvement dans un milieu fluide. Dans la méthode " Robinson ", un échantillon est pipeté à différentes périodes et à différentes profondeurs de la suspension du prélèvement dans une éprouvette.

B. Appareillage et réactifs :

La pipette de Robinson (Photo 01) est fixée sur un support métallique stable et mobile sur un rail, pour pouvoir effectuer les prélèvements dans les allonges (éprouvettes de 1litre) de sédimentation alignées, sans déplacer celle-ci. La pipette de Robinson est une pipette de 20 ml, à longue-pointe et munie d'un robinet à 3 voies qui permet :

D'aspirer le liquide en suspension dans l'allonge (position du robinet ouvert).

De rejeter par l'ajustage latéral le liquide en surplus (robinet fermé).

La pipette, fixée sur le support, coulisse verticalement, les différents niveaux étant repérés à l'aide d'un index se déplaçant sur une règle graduée ou à l'aide de marques fixes sur l'embout de la pipette.

La pipette comporte en outre à sa partie supérieure un réservoir isolé par un robinet ; ce réservoir est rempli d'eau distillée qui sert au lavage de la pipette entre chaque prélèvement.

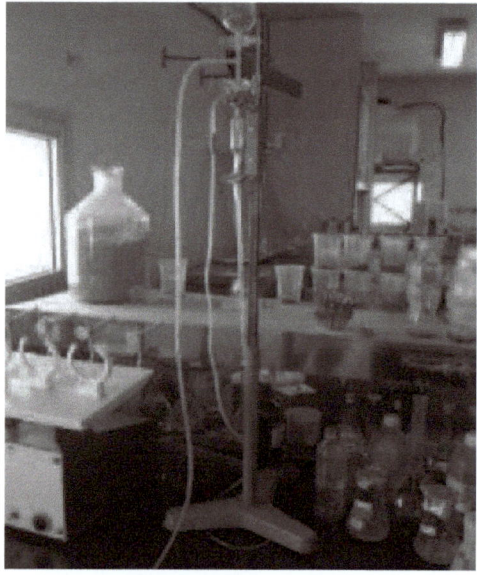

Photo 1: *Pipette de Robinson.*

32

C. Mode opératoire

C1. Prélèvement :

- Prendre 20 g des échantillons.

- Mettre les 20 g dans une boite et ajouter 10 ml d'héxamétaphosphate $(NaPO_3)_6$ de concentration (10g/100 ml). L'héxamétaphosphate joue un rôle important (dispersion des particules argileuses)

- Agiter le mélange dans un agitateur mécanique pendant 1heure.

Après la préparation des échantillons, suivent les étapes :

C2. Agitation :

L'échantillon prétraité et dispersé est ajusté à 1 litre dans une éprouvette, il est ensuite agité pendant 30 secondes par retournements successifs en bouchant hermétiquement l'allonge avec un bouchon ou la paume de la main, d'abord énergiquement puis plus lentement.

Déclencher le chronomètre au moment précis où l'allonge est mise sur la paillasse. Ces opérations ont lieu pour chaque échantillon, noter l'heure de départ sur une fiche.

C3. Ajustage :

Environ 30 secondes avant le prélèvement proprement dit, on amène la pointe de la pipette en contact avec la surface libre de la suspension.

En évitant toute turbulence, on descend la pointe de la pipette à la profondeur désirée, le robinet à 3 voies restant (fermé) pour empêcher le liquide de monter dans la tige avant le temps exact.

C4. Prélèvement proprement dit :

Le prélèvement doit être fait en un temps de l'ordre de 10 secondes reparti avant et après le moment théorique du prélèvement c'est-à-dire que pour le 1er et 2ème prélèvement on commence 5 secondes avant le temps théorique.

C5. Séchage :

Le contenu de la capsule est mis à l'étuve à 105 °C pour évaporation et séchage pendant une nuit.

Le lendemain, la capsule avec le résidu sec est mise à refroidir dans un dessiccateur puis pesée.

C6. Tamisage :

Lorsque le 3ème prélèvement est effectué, il reste à récupérer les catégories des sables (fins et grossiers : 50 à 2000 microns).

C7. Calculs :

1er prélèvement = argile et limon fin +limon grossier (A+LF+LG). En mg

$2^{éme}$ prélèvement = argile et limon fin (A+LF). En mg

$3^{éme}$ prélèvement = argile (A). En mg

Après la pesée du $3^{éme}$ prélèvement :

$2^{éme}$ prélèvement – $3^{éme}$ prélèvement = LF

1er prélèvement – $2^{éme}$ prélèvement = LG

On prend 20 g d'échantillon donc :

20 g   ⟶   100%

X g (prélèvement)   ⟶   pourcentage de prélèvement %.

I.3. Morphoscopie des grains de quartz

Parmi les minéraux légers, les grains de quartz sont triés à la loupe binoculaire, qui consiste à les classer selon leur forme et leur aspect de surface. La morphoscopie des grains de quartz a été réalisée sur des sables décarbonatés à froid et dont le diamètre est compris entre 0,630 mm et 0,315 mm. Cette fraction, préconisée par Duplaix (1958), représente des grains suffisamment gros pour pouvoir avoir enregistré leur dernier mode de transport, pour mon cas le diamètre 0.5mm et 0.25mm. Les grains sont classés en quatre catégories principales :

- **Grains non-usés (NU)** : ils ne portent pas de traces nettes d'usure mécanique et ont un aspect en général anguleux, à arêtes vives. Les faces sont soit les faces originelles du cristal, soit résultent de cassures le plus souvent conchoïdales. Ces faces et ces cassures sont tantôt luisantes, tantôt ternes, d'aspect parfois même farineux.

- **Grains émoussés, ou usés (U)** : ils ont une forme générale encore anguleuse, mais les sommets, arêtes et saillies sont émoussés. Leur aspect indique que ces grains ont subi d'importants remaniements avant leur dépôt final.

- **Grains émoussés-luisants (EL)** : ils sont très émoussés, parfois arrondis et lisses et ont un aspect très luisant et transparent. Ils résultent d'une longue usure mécanique dans l'eau.

- **Grains ronds-mats (RM)** : ce sont des grains très arrondis, marqués de très petites marques de choc en croissant ou en écaille. Leur surface est parfois brillante, sous l'effet de nombreuses surfaces qui renvoient la lumière, mais ces grains sont quasiment opaques. Ils proviennent d'un façonnement par de nombreux chocs avec d'autres particules, lors d'un transport éolien.

L'observation se fait à la loupe binoculaire, avec un rapport d'agrandissement de 40 fois et un faisceau lumineux incident à 45°, selon les préconisations de (Cailleux et Tricard., 1963).

I.4. L'exoscopie des grains de quartz

L'exoscopie du quartz étudie, les différents types de traces d'origine chimique, physique ou mécanique qui ont modifié l'aspect originel de la surface externe des grains de quartz (Le Ribault., 1977). La méthode permet de différencier les caractères acquis par le grain de quartz dans son milieu de sédimentation actuel, des caractères hérités dans un ou plusieurs autres milieux auparavant.

Les grains de quartz destinés à l'étude exoscopique ont été sélectionnés à la loupe binoculaire. Les observations ont été effectuées avec le microscope électronique à balayage (MEB) à effet de champ JSM 6301F destiné à l'observation d'échantillons secs à l'université de Rennes.

La morphologie générale des grains de quartz (sommets, faces planes et dépressions) dépend à la fois de leurs origine, fonction de leurs conditions de cristallisation, et des processus évolutifs qui ont plus ou moins fortement modifié celle-ci.

I.5. Micromorphologie

L'observation de la microstructure du sédiment permet d'apporter de précieux renseignements sur l'organisation du dépôt, les conditions de mise en place et sur l'évolution post-dépositionnelle.

La réalisation des lames minces a été effectuée par Mr Hamdi et Madame Cécilia Cammas à l'AgroPariTech INRA de Paris, selon la méthode développée par Guilloré (1983) et décrite par Courty et *al. (*1987). Après séchage à l'étuve à 30 °C pendant un mois environ, l'induration des échantillons micromorphologiques est réalisée par imprégnation d'un mélange d'une résine type polyester et de styrène, sous vide partiel (-0,7 bar). Après polymérisation, les échantillons sont découpés à la scie diamantée au format des lames pédologiques (12 x 6 cm), collées sur lames de verre et enfin amenées à épaisseur nécessaire à l'observation microscopique (30 μm) par le passage à la rectifieuse. L'observation est réalisée au microscope polarisant.

I.6. Minéralogie de la fraction fine

Dans l'étude des dépôts sédimentaires, la détermination des minéraux contenus dans la fraction argileuse est une technique couramment utilisée qui permet d'apporter des éléments supplémentaires sur l'histoire du dépôt, de retrouver l'origine de ces matériaux souvent hérités de formations plus anciennes ou de préciser les conditions de leur formation s'il s'agit de minéraux néoformés.

La fraction argileuse d'une roche ou d'un sédiment meuble correspond par convention à la fraction granulométrique inférieure à 2 μm. Cette fraction comporte, outre les minéraux argileux *sensu stricto* ou phyllosilicates, des quantités variables de quartz, oxydes de fer ou d'aluminium, de sulfates, de phosphates, de carbonates etc…

La méthode utilisée pour la détermination des minéraux argileux est celle de l'analyse diffractométrique des rayons X. L'intérêt de cette méthode est de pouvoir déterminer qualitativement les différents constituants et même d'en estimer leurs proportions relatives. La méthodologie employée est celle de *Holtzapffel (1985)*.

L'analyse aux rayons X a été faite au laboratoire de chimie de l'Université de Biskra, sur un diffractomètre Bruker D8 Advence, équipé d'une anticathode en cuivre, pour des angles de mesure compris entre 2 et 30 degrés avec un pas de 0,02 seconde d'angle. Le principe de cette analyse repose sur la diffraction d'un faisceau de rayon X sur le réseau de plans cristallins des argiles. Cette analyse obéit à la loi de Bragg :

$\lambda = 2\ d\ \sin \Theta$

λ : longueur d'onde de la source

d : distance entre deux plans parallèles successifs

Θ : angle que fait le faisceau incident avec le réseau de plans.

Les résultats, exploités par des logiciels, permettent de mesurer les surfaces des pics des raies principales (001) et déterminer ainsi une composition semi-quantitative des différents minéraux argileux. Parfois, les spectres ont dû être dépouillés à la main quand l'informatique était prise en défaut, sur des échantillons riches en oxydes ferreux notamment.

I.6.1. Principe de la diffraction des rayons X

Le principe de cette méthode est basé sur le fait que lorsqu'un faisceau de rayons X est dirigé sur un cristal, il se produit une déviation du rayon qui est diffracté par les plans du réseau cristallin.

Les échantillons sont de deux types : ils peuvent être broyés sous la forme d'une poudre qui est disposée telle quelle dans un porte-échantillon (préparation non orientée *) où se présentent sous la forme d'un dépôt de minéraux orientés sur une plaquette de verre par séchage d'une suspension (préparation orientée**).

Préparation des échantillons

(*) La fraction inférieure à 40 µm séparées lors du tamisage à l'eau du sédiment est mise à décanter pendant deux jours dans une bassine, récupérée après siphonage de l'eau excédentaire et mise à sécher à l'étuve à une température n'excédant pas 40 °C afin de ne pas détériorer les minéraux argileux.

(**) La fraction   limono-argileuse   récupérée   par   tamisage

à l'eau, est attaquée progressivement par de l'acide chlorhydrique à 10 % et par de l'eau oxygénée afin de se débarrasser des carbonates et de la matière organique. Le sédiment est ensuite nettoyé avec de l'eau déminéralisée à l'aide d'une centrifugeuse à 2 500 tr/mn pendant 5 minutes. L'opération du lavage est répétée 3 à 6 fois selon les échantillons, en principe jusqu'à défloculation des argiles. Une fois le sédiment bien rincé, on récupère la fraction argileuse déposée en surface du culot et on l'étale sur une lame de verre.

I.7. La séparation densimétrique

La séparation densimétrique se fait par immersion des minéraux dans un liquide de densité connue, les minéraux ayant une densité plus faible que celle de la liqueur flottent à la surface et ceux ayant une densité plus haute que celle de la liqueur se déposent au fond de l'ampoule à décantation. La liqueur dense utilisée est le bromoforme ($CH Br3$) de densité (d : 2,89). Lors de notre expérimentation, les fractions obtenues par séparation granulométrique ont fait l'objet d'une séparation densimétrique. Cette séparation nous a permis d'obtenir deux fractions distinctes, une fraction légère et une fraction lourde pour chaque classe granulométrique selon (Duplaix., 1958 & Delaune., 1988).

- Fraction légère et lourde de la classe ayant un diamètre compris entre 60 et 250 µm,

- Fraction légère et lourde de la classe ayant un diamètre compris entre 250 et 315 µm,

- Fraction légère et lourde de la classe ayant un diamètre compris entre 315 et 500 µm.

Photo 2: *Séparation des minéraux lourds par liqueur dense*

I.7.1. La séparation par tri sous loupe binoculaire

Elle est considérée comme la plus élémentaire, mais la plus précise. C'est une méthode longue et fastidieuse. En effet cette séparation est effectuée sur une plaque de verre et elle consiste à séparer les minéraux opaques des minéraux transparents à l'aide d'une aiguille.

I.7.2. Le montage des minéraux

Les minéraux ont été au préalable triés et séparés selon leurs tailles, leurs densités et leurs opacités. Les lots de grains obtenus ont subi :

- Un montage sur une lame par un collage adéquat pour une étude tridimensionnelle des cristaux par la lumière transmise, ce type de montage est appelé frottis.

- Un montage dans une résine suivie d'un polissage afin de rendre la surface des grains étudiable en lumière réfléchie, ce type de montage est appelé : la section polie.

I.7.3. Le frottis : Le montage des minéraux transparents se fait dans le baume de canada ou dans la résine chauffée à 140 °C pendants 45mn.

I.7.4. La section polie : Le montage des minéraux opaques se fait dans une résine synthétique suivie d'un polissage. La section polie obtenue permet l'examen au microscope à réflexion.

Les opérations du montage de polissage ont été effectuées dans le laboratoire de Biogéochimie des milieux désertiques de l'université de Ouargla.

I.7.5. L'identification des minéraux

L'identification des minéraux s'est basée principalement sur :

- Un examen à la loupe binoculaire,

- Un examen au microscope : en lumière transmise pour les minéraux transparents et en lumière réfléchie pour les minéraux opaques.

- Des analyses diffractométriques.

I.7.6. Examen à la loupe binoculaire

L'observation à la loupe binoculaire des grains fournit dans la plupart des cas des indications très intéressantes que ne peuvent procurer les minéraux inclus dans le baume de Canada. Les critères observés par la loupe binoculaire sont la couleur, la forme, l'éclat, la dureté et la morphoscopie (Parfenoff et al., 1970) .

I.7.7. Examen au microscope optique

I.7.7a. Détermination en lumière transmise :

La lumière transmise est obtenue par un microscope polarisant. Ce type d'analyse est préconisé dans le cas des minéraux denses transparents comme le zircon, le rutile, la tourmaline, le pyroxène. Elle permet aussi de connaître la couleur, la forme, le pléochroïsme, le relief, le clivage et l'extinction du minéral.

I.7.7b. Détermination en lumière réfléchie : Ce type d'éclairage est fourni par un microscope à lumière réfléchie (microscope métallographique). Cette pratique est particulièrement indiquée pour les minéraux opaques comme l'hématite. Elle permet de mettre en évidence la couleur, le pouvoir réflecteur, la biréfringence, l'extinction et les réflexions internes.

I.7.8. Analyse par diffraction aux rayons X

Les grains montés sur les lames minces ont été soumis à l'analyse aux rayons X à l'université de Biskra (le même diffractomètre utilisés dans l'analyse de la fraction fine Advence D8 munie d'une anticathode en cuivre). Les diagrammes obtenus sous forme d'enregistrements graphiques ont été traités par le logiciel Cristal Impact Match1.9.

I.8. Géochimie : (PH, Conductivité, Calcimétrie, Matière Organique, Gypse)

Les paramètres géochimiques déterminés sur mes coupes sont le PH, la conductivité, le dosage des carbonates, de la matière organique et du gypse.

I.8.1. Le pH est la mesure de l'acidité, de l'alcalinité ou de la neutralité d'une solution aqueuse. Elle s'exprime par le logarithme (base 10) de l'inverse de la concentration de la solution en ion hydrogène (H^+) exprimé en moles par litre.

I.8.2. Dosage des carbonates nous avons utilisé la méthode de la calcimétrie dont le principe est de déterminer le pourcentage en carbonates de calcium sur 0,5 g de sédiment broyé et séché dont la maille est inférieure à 2 mm en utilisant le calcimètre de Bernard. Pour cela on attaque les carbonates sur un gramme de sédiment par de l'acide chlorhydrique, la réaction chimique est la suivante :

$$CaCO_3 \; + \; 2HCl \; \longrightarrow \; CaCl_2 \; + \; H_2O \; + \; CO_2$$

$$\% \; CaCO_3 = (V \times 0,25 \times 100)/V_0.0,5 = (V/V_0) \times 50$$

V_0 : volume de CO_2 déterminé à partir de 0,25 g de carbonates de calcium.

V : volume de CO_2 déterminé à partir de 0,5 g de sédiment.

En pratique on commence par effectuer un témoin avec du carbonate pur, qui sera la référence à 100 %. Nous utilisons un erlenmeyer où l'on dépose l'échantillon (0,5 g et 0,25 g pour le témoin de carbonate suffisent). Nous y déposons aussi un petit flacon d'acide chlorhydrique à 35 %, en quantité excessive par rapport au carbonate présent). Nous bouchons hermétiquement grâce à un bouchon de caoutchouc. Toutefois, celui-ci est percé d'un trou dans lequel passe un tuyau. Ce tuyau est relié à une colonne graduée contenant de l'eau. Il faut secouer l'erlenmeyer pour faire tomber l'acide sur l'échantillon, le gaz se dégage, le volume de gaz prisonnier dans la fiole augmente et repousse l'eau de la colonne. Celle-ci va donc monter dans la colonne et va être mesurable grâce aux graduations. Il est nécessaire de refaire régulièrement un témoin, car la pression de l'air change en fonction des conditions atmosphériques. Il est nécessaire de refaire le blanc toutes les deux heures. Il faut aussi faire attention aux hottes du laboratoire qui peuvent provoquer des microvariations de pressions atmosphériques susceptibles de gêner les pesées avec les balances de précision. Le concrétionnement est généralement attribué à des périodes humides : il faut de l'eau pour dissoudre le calcaire avant que celui-ci ne précipite ailleurs.

I.8.3. Dosage de la matière organique (PAF)

Le dosage de la matière organique a été établi suivant la méthode de perte au feu (P.A.F) par incinération. L'échantillon de sol doit être broyé et tamisé à 2 mm d'après le (C.E. Québécois. ; 2003 méthode Walkley Black modifiée).

I.8.3a. Appareillage

Four à moufle allant jusqu'à 500 °c

Creusets en porcelaine

I.8.3b. Calculs

$$\% \, M.O. = \frac{poids \; sol \; sec \; (g) - poids \; sol \; incinéré \; (g)}{poids \; sol \; sec \; (g)} \times 100$$

$$\% \, M.O. = \frac{((P_1 - P_0) - (P_2 - P_0))}{(P_1 - P_0)} \times 100$$

M. O. : matière organique

P_0 : poids du creuset vide

P_1 : poids final à 150 °c

P_2 : poids du creuset contenant les cendres à 475 °c

Régression pour faire une équivalence entre les résultats par la méthode de perte au feu

(PAF) et la méthode (Walkley Black. WB) pour une étendue de 0 à 8 % de matière organique : % M.O (PAF)=0.9932xM.O (WB) + 0.587

I.8.4. Dosage du gypse

La méthode standard pour la détermination de gypse décrite ici est celle de Richards (1954) qui implique la précipitation avec de l'acétone. Des modifications de cette méthode et d'autres procédures Sayegh et al. (1978) se trouvent dans le bulletin de la FAO sur les sols gypseux (FAO, 1990).

I.8.4a. Appareillage et réactif

Centrifugeuse de 4000 tours/mn.

Tubes à centrifuger coniques (50 ml)

Conductivimètre équipé d'une cellule de mesure Wheatstone

Agitateur mécanique.

Réactif

Acétone

I.8.4b. Calculs

$$\text{le gypse dans le sol } \% = \frac{A \text{ meq CaSo4}}{100 \text{ ml}} \times \frac{B \text{ ml}}{C \text{ ml}} \times \frac{1}{D \text{ g/l}} \times \frac{0.0869}{1 \text{ meq gypse}} \times 10$$

A : meq $CaSO_4$ du tableau

B : volume de H2O pour apporter tous les précipités dans la solution

C : volume de l'aliquote

D : rapport sol/eau

I.9. Conclusion

La concrétisation de l'étude sédimentologique et paléoenvironnementale sur les formations détritiques du bas Sahara (Mio-pliocène) exige de passer par une reconnaissance du site à étudier, puis un choix des zones de prélèvements et une description des formations.

Une multitude d'essais de laboratoire a été effectuée à la suite des prélèvements, afin de confirmer les descriptions faites sur site. Nous avons ainsi déterminé la granulométrie, la sédimentométrie, le dosage des carbonates, du gypse et de la matière organique. L'analyse morphoscopique et exoscopique illustre le mode et le milieu de transport enregistrés sur la forme et la surface des grains de quartz. La description minéralogique est basée sur l'analyse des lames de micromorphologie, sur les résultats des analyses diffractométriques et de la séparation des minéraux lourds.

Troisième

Partie

Résultats et discussion

Chapitre I
Résultats des analyses de laboratoire

Chapitre I Résultats des analyses de laboratoire

I.1. Introduction

Dans ce chapitre, nous présentons les résultats des différentes analyses que nous avons effectuées sur les échantillons de notre région d'étude Guerrara que nous corrélons à une coupe faite sur base de sondages hydrauliques sur la région de Ouargla.

I.2. Coupe de Guerrara

I.2.1. Cadre géographique et géologique :

La ville de Guerrara se localise à une soixantaine de kilomètres à l'Est de la ville de Ghardaïa. Géologiquement, la région comporte en grande majorité des affleurements de formations gréseuses d'âge mio-pliocènes. Les formations carbonatées éocènes et sénoniennes commencent à affleurer en paquet réduit à 10 km à l'Ouest de la ville de Guerrara dans le lit de l'Oued Zegrir. L'aspect dénudé de la région nous a facilité l'établissement des coupes géologiques ainsi que le prélèvement systématique des échantillons (Figure 09).

Les coupes ont une orientation : ENE-OSO pour la coupe AB, NO-SE, pour la coupe AC et N-S pour la coupe DE. Elles montrent les formations affleurantes et le passage entre le Miocène et le Pliocène. Une coupe additionnelle FG orientée E-O a été établie sur la base des sondages hydrauliques.

La description des coupes et les résultats des analyses chimiques nous ont permis de subdiviser la série affleurante du Mio-Pliocène en trois (03) ensembles (Figures 10, 11 et 12). Les limites entre les unités sont visibles et nets, parfois diffuses.

L'érosion des formations carbonatées a fourni des matériaux grossiers transportés par des agents externes et déposés au sein de ces formations moi-pliocènes, ces matériaux grossiers se trouvent parfois en couverture du plateau mio-pliocène.

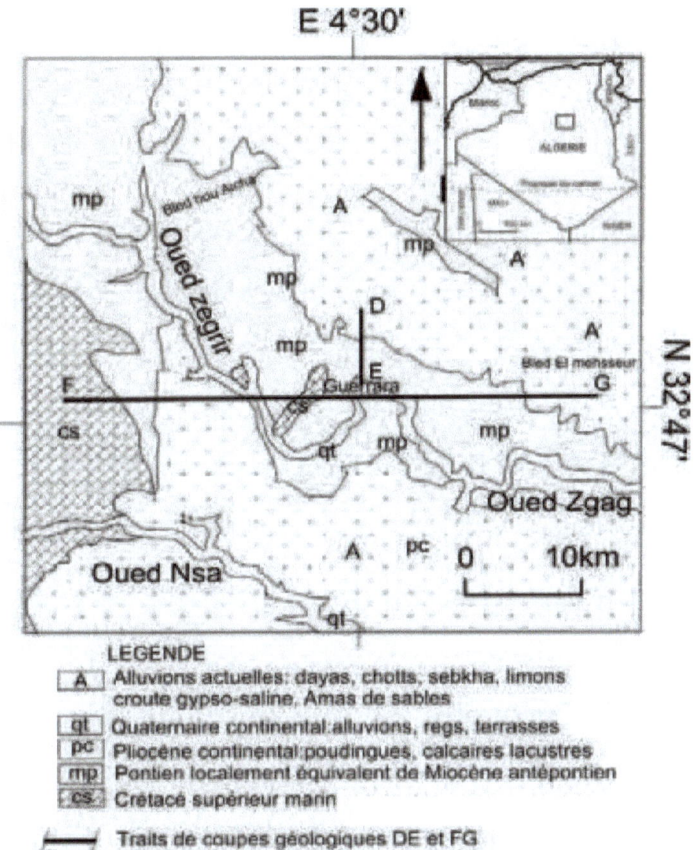

Figure 9: *Carte géologique de Guerrara d'après (S.C.G., 1952).*

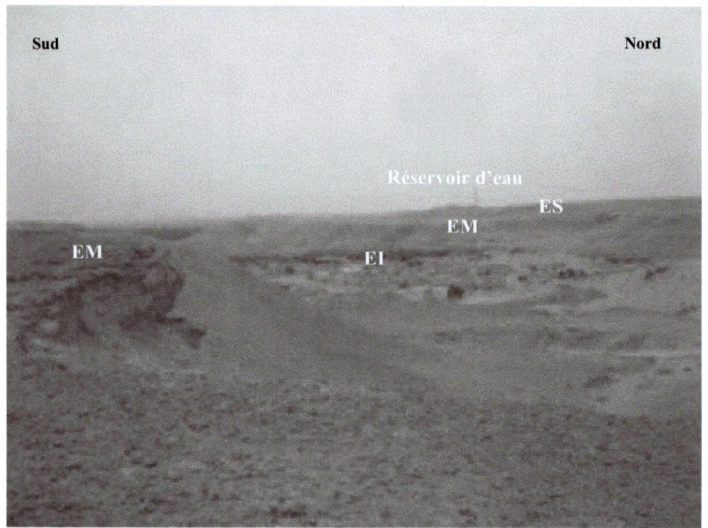

Photo 3 *: Ensemble inférieur EI, médian EM et supérieur ES.*

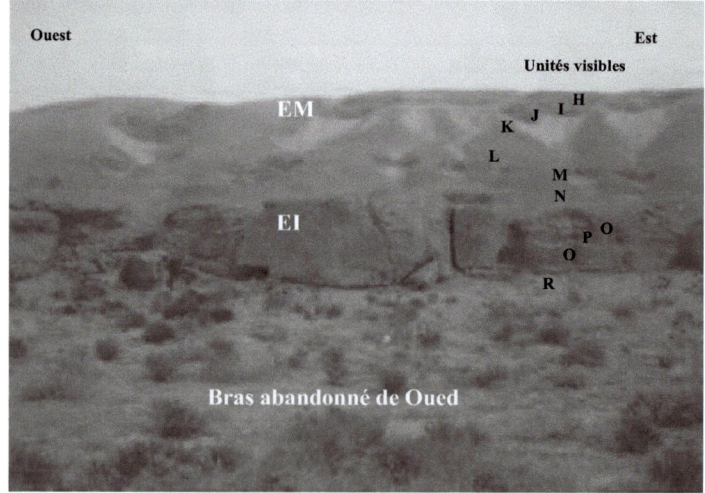

Photo 4 *: Ensembles inférieur et médian.*

46

I.2.2. Ensembles lithologiques

I.2.2.1. Ensemble gréseux inférieur (Miocène) : Il se trouve à la base de la formation son épaisseur est de 8 mètres, il s'agit d'un abrupte, caractérisé par une couleur marron clair à jaunâtre. Cet ensemble est induré, il présente des fissures centimétriques et un écaillage net de sa surface, sa structure est grumeleuse. Cet ensemble révèle certaines formes d'altérations différentielles et se termine par un banc consolidé riche en nodules calcaires, qui le sépare du deuxième ensemble. A l'aide du calcimètre de Bernard, nous avons estimé le taux de carbonates à 15 % en moyenne.

Cet ensemble est subdivisé en plusieurs unités qui sont de haut en bas :

-Unité O- Elle est constituée de 3,8 m de grès brunâtre à nodules calcaires millimétriques et croûtes calcaires (calcrète).

-Unité P- formée de 1,2 m de grès brunâtre, elle est caractérisée par une fissuration et une érosion différentielle de surface.

-Unité Q- Consiste en 1,2 m de grès brunâtre, plus consistant que ceux de l'unité R.

-Unité R- formée de 2 m de grès meuble de couleur rougeâtre.

I.2.2.2. Ensemble gréseux carbonatés médian (Miocène) : Cet ensemble atteint 22 mètres d'épaisseur et repose directement sur le premier ensemble. Il présente un palier à sa base suivi d'une pente douce et se termine par un bord contournant la ville de Guerrara du côté Nord. Parmi ces unités, on observe plusieurs dalles gréseuses indurées à ciment carbonaté particulièrement visibles dans les unités du sommet. On rencontre parfois quelques passées à taches blanchâtres. L'écaillage est remarquable sur toute la surface du bord. Le taux de carbonates atteint 55 % dans l'unité sommitale et se réduit dans les autres unités. Cet ensemble comporte les unités suivantes :

-Unité H : 1,5 m. Dalles gréseuses indurées de couleur rose à blanchâtre parfois ferruginisées qui présentent des calcrètes.

-Unité I : 3,1 m de grès rougeâtre marqué par un écaillage centimétrique.

-Unité J : 3 m de dalle gréseuse rougeâtre à surface écaillée, bien cimentée.

-Unité K : 2 m de grès rougeâtres peu consolidés.

-Unité L et M : 5,5 m de grès rougeâtres à alternance de niveaux à taches blanchâtres, elle sont séparée par une limite diffuse

-Unité N : 6.5 m de grès rougeâtres peu consolidés.

Photo 5: *Bancs gréseux à ciment carbonaté, altération ou phénomène d'écaillage de surface (ensemble médian).*

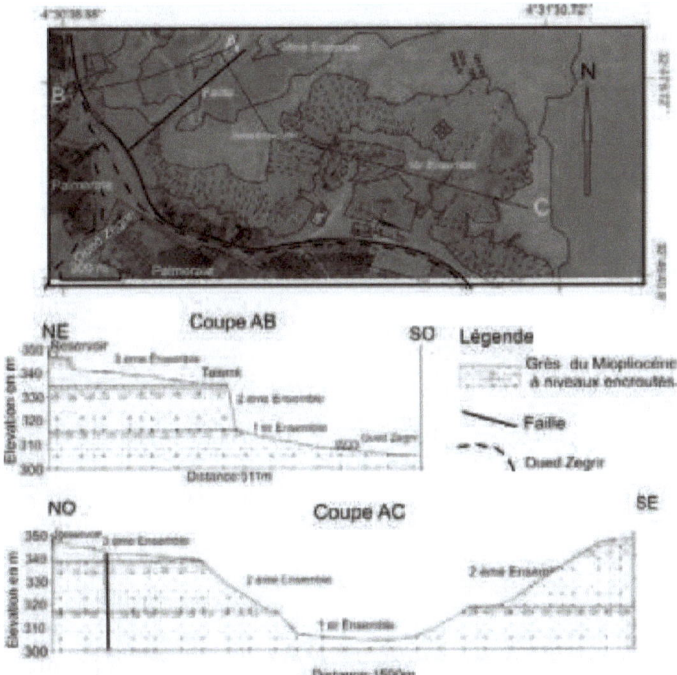

Figure 10: *Coupes dans la région de Guerrara (pour le positionnement voir image Google Earth)*

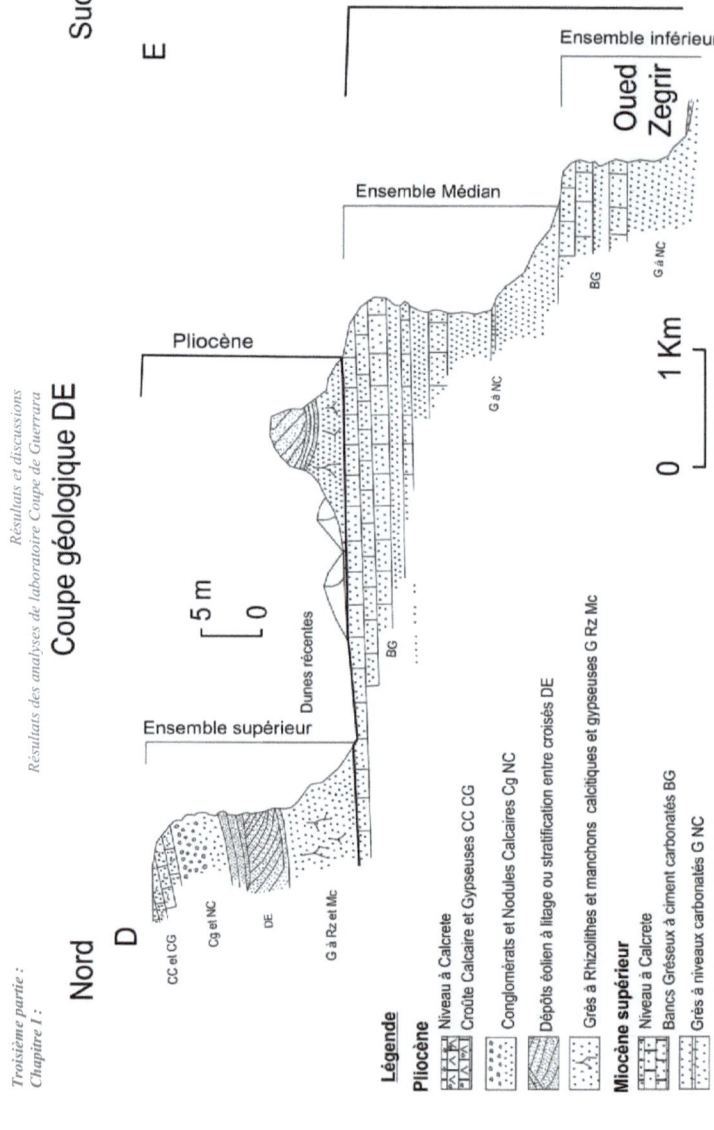

Figure 11: *Coupe géologique Nord-Sud.*

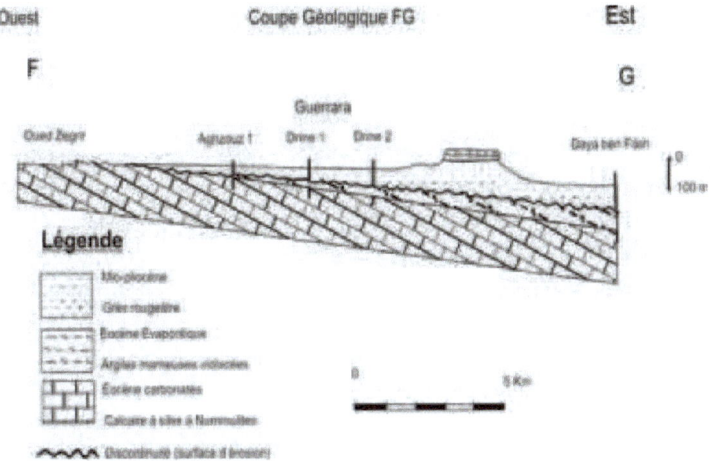

Figure 12*: Coupe géologique Est-Ouest.*

Photo 6*: Rides de courants fluviatiles fossile sur l 'ensemble de base unité O.*

51

I.2.2.3. Ensemble gréseux conglomératique supérieur (Pliocène) : C'est l'ensemble terminal de cette série. Dans la région de Guerrara, il affleure sur des faibles étendues. Cet ensemble a une épaisseur moyenne de 12 mètres. Ces dépôts sont moins consolidés que dans les autres ensembles, sa couleur est rougeâtre et devient rose à blanchâtre au sommet; de nombreux graviers et « cailloux » sont emballés dans cet ensemble. Les encroûtements calcaires (calcrètes) et gypseux (gypscrètes) marquent cette unité qui surmonte toute la série du mio-pliocène dans la région. Le taux de carbonate atteint 50 % ; cette valeur diminue en dessous de 15 % pour le reste des unités.

L'ensemble gréseux conglomératique supérieur comporte les unités suivantes :

-Unité A : 2 m de calcrète (croûte calcaire et gypseuse centimétrique), de blocs et de cailloux de nature carbonatée emballés dans une matrice gréseuse sur la surface de laquelle nous rencontrons des regs.

-Unité B : Cette unité a une forme lenticulaire, elle est constituée de grès meubles rosâtres, très riches en cailloux et graviers. Son épaisseur varie de 1,5 à 14 m.

-Unité C : son épaisseur varie de 2 à 10 mètres, il s'agit de grès rougeâtres devenant rosâtres au sommet.

-Unité D- Bancs gréseux-conglomératiques de couleur brunâtre peu consolidé, son épaisseur varie de 2 à 10 m. Cette unité présente une stratification entrecroisée.

-Unité E- épaisseur 8 mètres : Bancs gréseux graveleux de couleur rougeâtre à stratification entrecroisée.

-Unité F-2 m de sables consistants de couleur rouge, cette unité est marquée par des rizolithes et des manchons calcitiques et gypseux de taille centimétrique.

-Unité G- son épaisseur varie de 2 à 8 mètres, elle est constituée de sable rougeâtre et séparée de l'unité F par un niveau centimétrique de croûte calcaire.

Les unités semblent identiques du point de vue de la couleur, mais l'analyse granulométrique des différents échantillons prélevés, m'a permis d'établir les limites exactes entre les unités et aussi de déterminer les paramètres sédimentologiques de chaque échantillon (utiles pour faire ressortir le mode de transport dominant).

Les paramètres chimiques représentés dans la figure 13 présente un rapport proportionnel entre carbonates, sulfates et conductivité. Le Ph est basique dans toute la formation. Ces paramètres facilitent le traçage des limites entre unités sédimentaires.

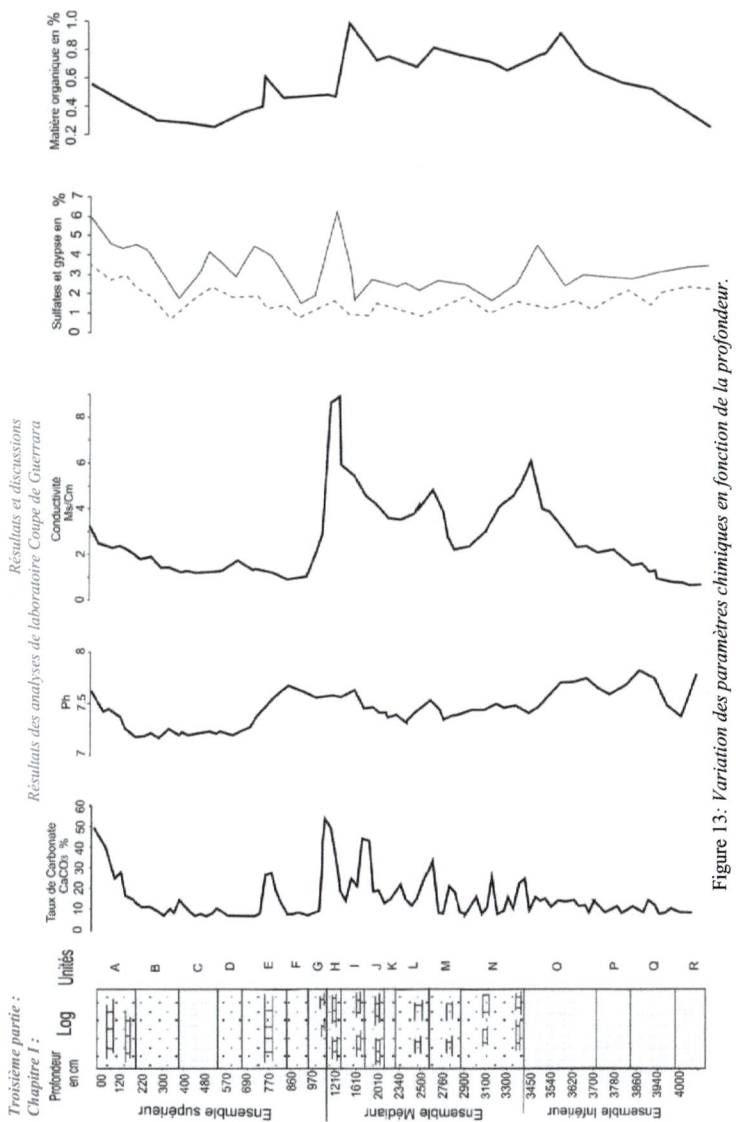

Figure 13: *Variation des paramètres chimiques en fonction de la profondeur.*

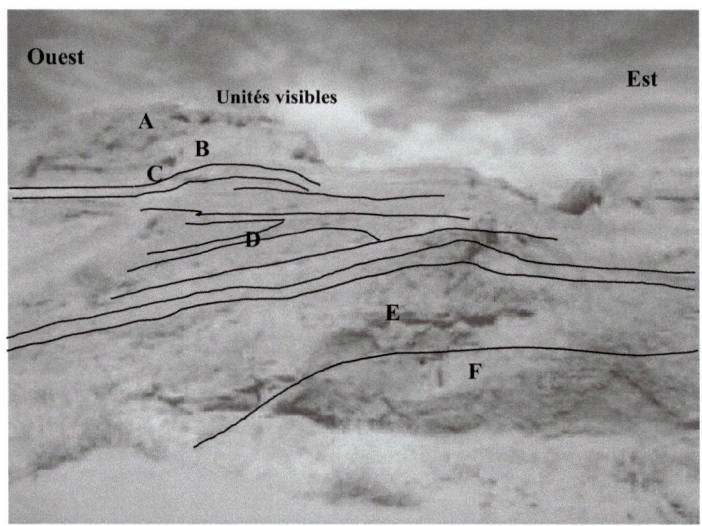

Photo 7: *Dépôts éolien à stratification ou litage entre-croisés dans l'unité D (ensemble supérieur).*

I.2.3. La Granulométrie globale :

L'étude granulométrique consiste à déterminer les proportions des différentes classes granulométriques (la fraction fine inférieure à 2 mm et fraction grossière supérieure à 2 mm) qui composent un sédiment et d'observer leur variation de la base vers le sommet d'une série sédimentaire.

I.2.3.1. Étude de la fraction granulométrique grossière

A partir de l'analyse de la fraction grossière, nous avons identifié plusieurs unités lithologiques. Les graviers et cailloux appartiennent à deux types : ils sont généralement carbonatés mais ceux qui se trouvent dans l'ensemble sommital (A) sont variés (débris de roches carbonatées, silex de formes diverses).

Tableau 4*: Distribution de la fraction globale en pourcent %.*

Ensembles	Unités	Blocs >25.6 cm	Cailloux 6.4-25.6 cm	Graviers 4-6.4 cm	Sables 2mm-40μm	Limons 40-2μm	Argiles < à 2 μm
Supérieur 03	A	2	10	20	61	5	2
	B, C, D, E, F, G	0	0	15	78	5	2
Médian 02	H, J, L, M	0	0	5	88	5	2
	I, K, N	0	0	0	93	5	2
Base 01	O	0	0	5	80	10	5
	P, Q, R	0	0	0	85	10	5

D'après ces résultats, nous remarquons que seule l'unité A s'individualise par rapport aux autres unités, avec un taux élevé en graviers et cailloux. L'ensemble supérieur est le plus riche en matériaux grossiers, les autres unités (ensembles 01 et 02) sont très pauvres en fraction grossière (granoclassement du haut vers le bas).

Photo 8*: Blocs et galets calcaires emballés dans les grès de l'ensemble supérieur.*

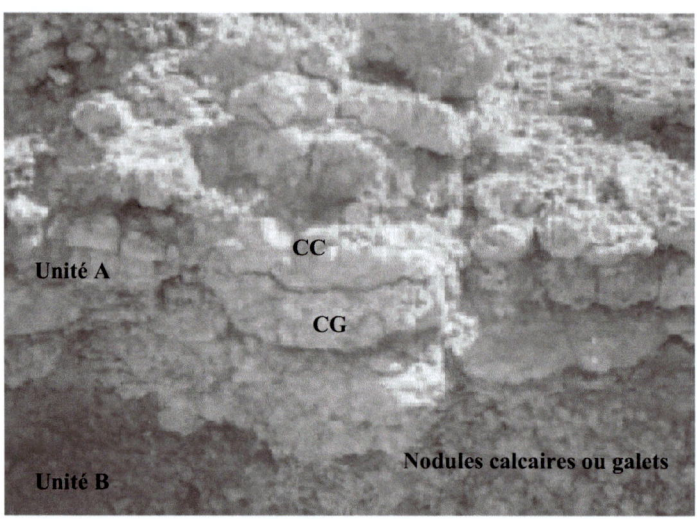

Photo 9: *Croûte calcaire CC et gypseuse CG de l'unité A surmontant un niveau à nodules calcaire de l'unité B (ensemble supérieur).*

Photo 10: *Croûte calcaro-férrugineuse de l'unité A (ensemble supérieur).*

I.2.3.2. Étude de la fraction granulométrique fine

Les résultats de l'analyse granulométrique de la fraction fine sont exprimés en courbes cumulatives et en courbes fréquentielles (Annexe III) à partir desquelles sont établis les différents graphes de variations d'indices sédimentométriques représentés par ensemble :

I.2.3.3. Ensemble 01 (de base) unités O, P, Q et R :

Dans cet ensemble, les courbes granulométriques sont bimodales, parfois unimodales, indiquant un mode faible et une tendance vers les sables fins. L'ensemble occupe la partie inférieure et se caractérise par la présence de chevelus racinaires vers le sommet. On note, que dans le niveau O un faible taux de graviers. Dans cet ensemble, on constate que la fraction sableuse est prédominante par rapport aux autres classes granulométriques. Les indices granulométriques établis par le granulomètre laser sur la fraction inférieure à 2 mm montrent un mode de l'ordre de 350 μm et une moyenne de 300 μm (Fig. 14 et 16), ceci indique une énergie cinétique moyenne à faible.

Les valeurs de l'indice de classement (sorting) S0 sont positives (1.06) (sédiment très bien classé) indiquant une suspension et une resédimentation des matériaux des formations anciennes par voie hydrique.

Le cœfficient de dissymétrie (Skewness) est négatif (-1) ; il traduit un classement meilleur du côté des particules grossières ;

Le cœfficient d'acuité (Kurtosis) de 1.0 avec une courbe leptokurtique en majorité parfois platykurtique indique une composition homogène (sables grossiers et fins).

La classification des sols (sédiments) fins suivant le diagramme ternaire (Folk 1954) (Fig. 15) confirme que les sédiments prélevés dans cet ensemble ont un faciès sableux (grossier en grande partie).

Photo 11: *Les formes en rhizoconcrétions du niveau F (Ensemble supérieur)*.*

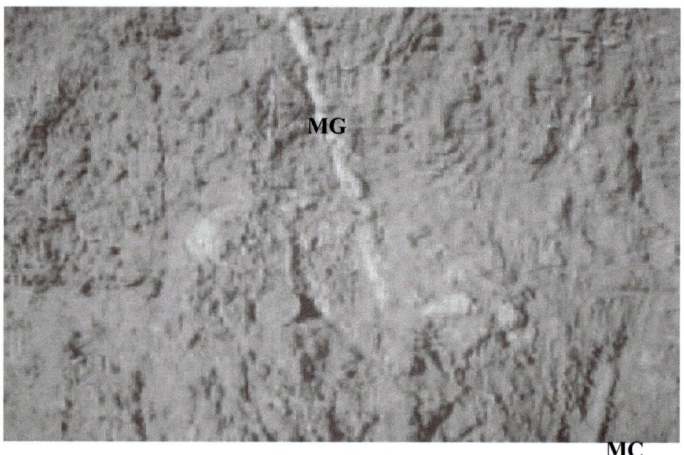

Photo 12: *Manchons calcitiques MC et gypseux MG de l'unité F*
(Ensemble supérieur)**.

(*) et (**) se forment suite à une évaporation de la solution du sol après l'absorption des racines des plantes les anions qui en a besoin et la précipitation des ions excédentaires toutes au tours.

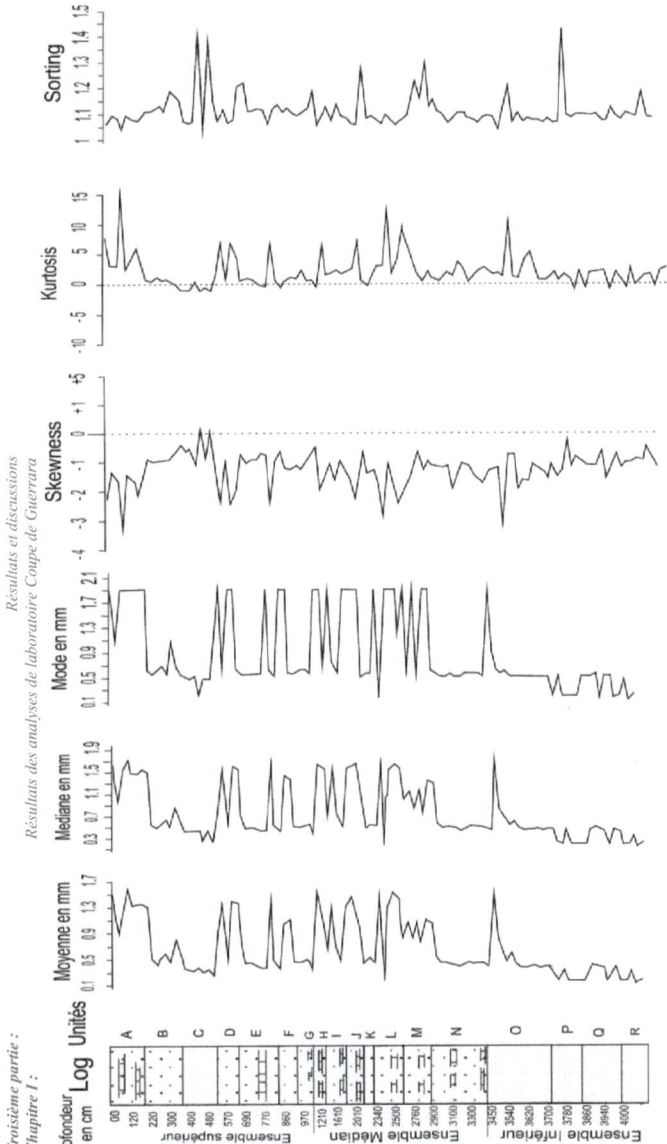

Figure 14: *Variation des indices sédimentologiques en fonction de la profondeur les faciès.*

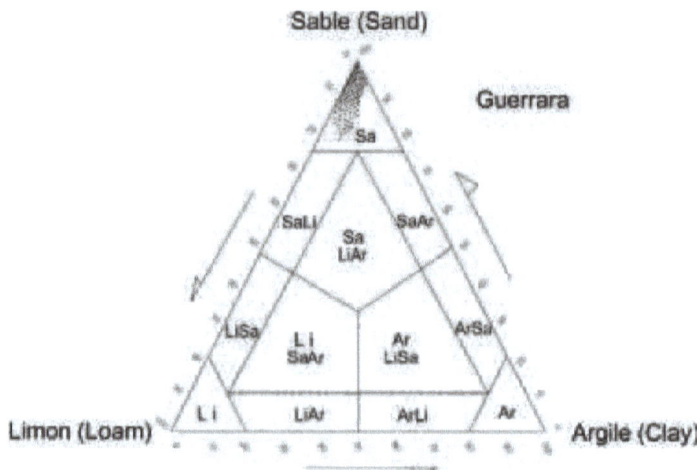

Figure 15: *Répartition de la fraction fine sur un diagramme ternaire (Folk 1954).*

I.2.3.4. Ensemble 02 (Intermédiaire) unités H, I, J K, L, M et N :

Les courbes granulométriques (à la base de ce niveau) sont bimodales, parfois unimodales ; mais elles deviennent unimodales au sommet (Annexe III), indiquant un mode faible qui augmente ensuite. Cet ensemble occupe la partie médiane ; il se caractérise par la présence de dalles durcies (calcrètes). Dans cet ensemble, on constate que la fraction sableuse est prédominante par rapport aux autres classes granulométriques. Les paramètres sédimentologiques montrent (Fig. 14 et 16) un mode de l'ordre de 1200 µm et une moyenne de 900 µm indiquant une forte énergie cinétique.

Les valeurs de l'indice de classement (sorting) S0 sont positives de   1.1 (sédiment très bien classé) indiquant une suspension et une resédimentation des matériaux des formations anciennes par voie hydrique ;

Le cœfficient de dissymétrie (Skewness) est négatif de -1.0, il traduit un classement meilleur du côté des particules grossières, Le cœfficient d'acuité (Kurtosis) est de 2.2, avec des courbes leptokurtiques en majorité indiquant une composition homogène (sables grossiers et fins). La classification des sols fins suivant le diagramme ternaire de Folk (Fig. 15) confirme que les sédiments prélevés dans cet ensemble ont un faciès sableux.

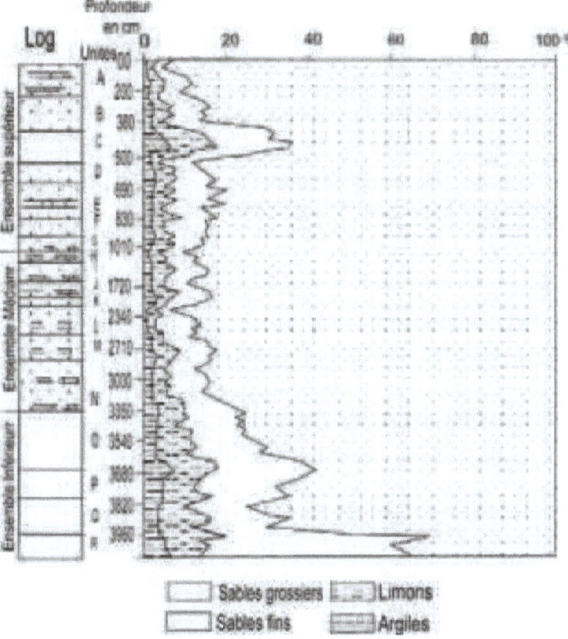

Figure 16: *Variation de la fraction fine (inférieur à 2 mm) en fonction de la profondeur.*

I.2.3.5. Ensemble 03 (supérieur) unités A, B, C D, E, F et G :

Les courbes granulométriques obtenues dans cet ensemble ont une allure bimodale dans l'unité C et un intervalle réduit en E, les autres unités ont une allure unimodale. Le mode est élevé en A, B, D, E, F, G et moyen en C. Ce niveau occupe la partie sommitale de la série, il se caractérise par la présence d'encroûtements calcaires. Dans cet ensemble, la fraction sableuse est prédominante par rapport aux autres classes granulométriques. Les paramètres sédimentologiques montrent (Fig. 14 et 16) un mode de l'ordre de 1000 µm et une moyenne de 750 µm, indiquant que l'énergie cinétique est forte.

Les valeurs de l'indice de classement (sorting) S0 sont positives de 1.13 (sédiment très bien classé) indiquant une reprise de sédiments des formations anciennes par voie hydrique ou éolienne.

Le cœfficient de dissymétrie (Skewness) est négatif de -1.5, ce qui révèle que le classement est meilleur du côté des particules grossières,

Le cœfficient d'acuité (Kurtosis) vaut 2.2, avec des courbes leptokurtiques en majorité indiquant une composition homogène (sables grossiers et fins), sauf dans l'unité C, qui présente un kurtosis négatif (égal à -0.9) et une proportion de limons de 12 %.

La classification des sols fins suivant le diagramme ternaire de Folk (Fig. 15) confirme que les sédiments prélevés dans cet ensemble ont un faciès sableux.

I.2.4. Morphoscopie des grains de quartz :

L'analyse des grains de quartz a permis de faire une reconstitution de l'évolution de ces derniers, de comprendre le mode de transport et de connaître le milieu de dépôt.

La description morphoscopique du quartz a été réalisée à la loupe binoculaire (x40). Le comptage des grains a été effectué sur 100 grains environ. Les pourcentages relatifs des non-usés (NU), des ronds mats (RM) et des émoussés luisants (EL) ont été calculés et représentés par des courbes (Fig. 17).

Cette description morphoscopique montre que les ronds mats sont présents dans tous les ensembles ; mais ils sont dominants dans la partie terminale (ensemble 3) avec un taux moyen de 45 % ; dans les deux premiers ensembles, le pourcentage est de 22 %. Ces grains de quartz témoignent d'un régime éolien.

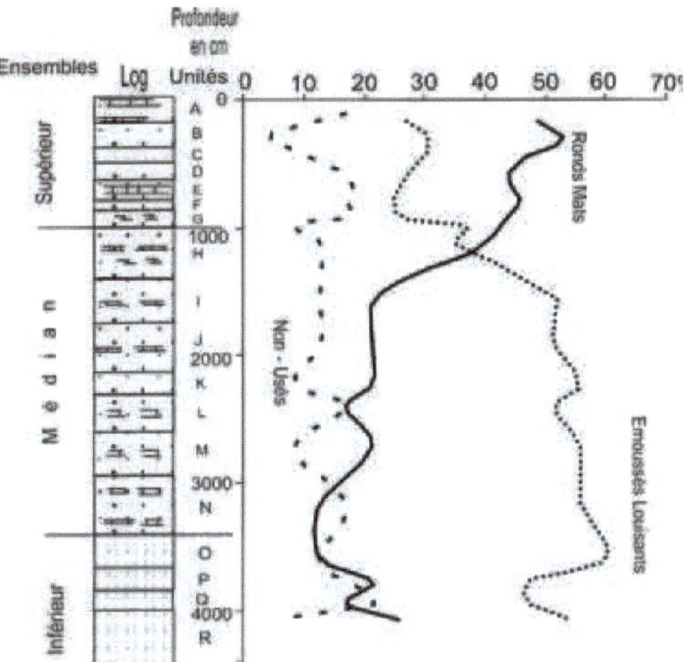

Figure 17: *Diagramme de variation morphoscopique du quartz en fonction de la profondeur.*

La dominance des grains émoussés luisants, à partir de l'unité H du niveau 02 avec un taux moyen égal à 55 % (Fig. 17), met en évidence l'influence du transport par l'eau et de la dynamique fluviatile. La présence d'un enduit ferrugineux sur quelques grains indique le début d'une diagenèse ou pédogenèse (altération chimique). Les Non Usés présentent un pourcentage moyen de 12 %. La présence de ces grains révèle un entrechoquement des particules transportées par le vent. Ce mélange est expliqué par l'intervention de deux principaux agents de transport (vent et eau), mais l'abondance des émoussées ou ronds mats révèle le mode dominant.

I.2.5. L'exoscopie du Quartz :

Au cours de leur histoire sédimentaire, les grains de sable évoluent successivement dans des environnements très divers (continentaux ou marins) qui laissent à la surface des grains de quartz des traces spécifiques à chaque milieu. L'exoscopie consiste à examiner ces traces au microscope électronique à balayage. La forme et l'aspect de surface des grains de quartz traduit leurs conditions de genèse, de transport et de sédimentation.

L'interprétation des microstructures (d'origine chimique et mécanique), observées au microscope électronique à balayage, permet de déterminer, par une association de caractères spécifiques (traces de chocs ou dissolutions), les principaux environnements dans lesquels ont évolué les grains : pédologique, glaciaire, torrentiel, fluviatile de moyenne ou de basse énergie, éolien, désertique, marin côtier ou profond, deltaïque, estuarien, marécageux, diagénétique. L'enchaînement des divers environnements reconnus permet ainsi de reconstituer l'histoire géologique du sédiment sableux analysé. Ce qui permet non seulement de déterminer le milieu de dépôt d'une formation sableuse, mais aussi de retracer les principales phases de l'histoire sédimentaire des grains.

Les grains avec des dépôts siliceux globuleux sont les témoins d'un transport fluviatile de moyenne énergie (ech 67 ensemble médian). En raison de leur abondance et de l'absence de marques sur leur surface, ils n'ont subi qu'un très bref transport fluviatile de moyenne énergie.

Le début de polissage des cassures est le témoin d'un transport fluviatile de moyenne énergie, postérieur au transport précédent.

Le transport des grains de quartz par le vent est attesté respectivement par la présence des « croissants » et des « V » de choc à la surface des grains (ensemble supérieur).

Les formes de dissolution caractérisent en grande partie les dépôts du mio-pliocène et sont les témoins d'une phase de pédogenèse, d'où la présence de formes en triangles emboîtés et en mosaïques, et aussi la présence de cimentation carbonatée.

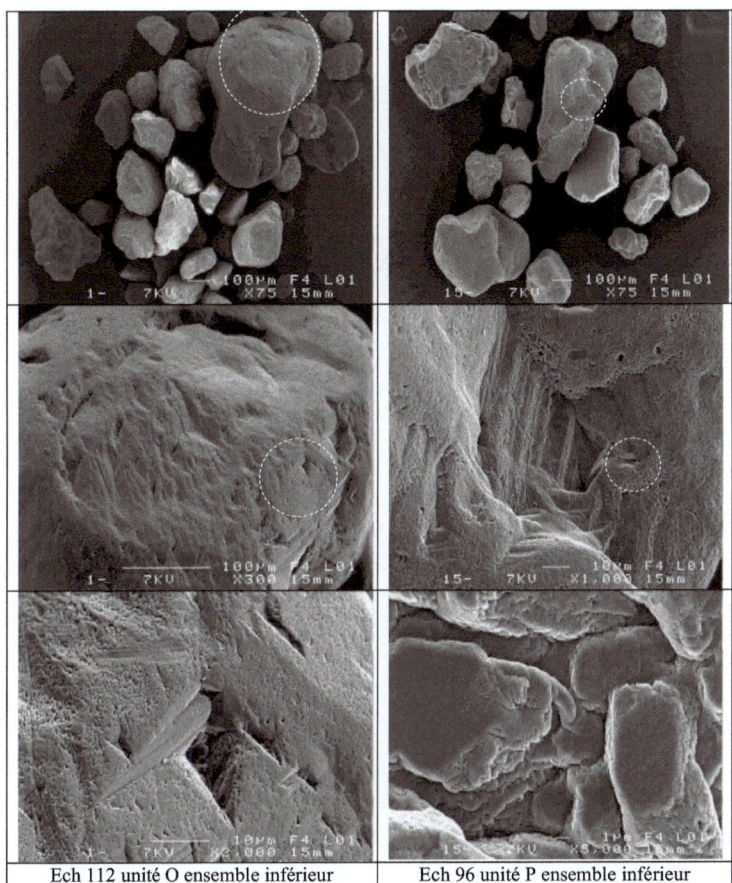

| Ech 112 unité O ensemble inférieur | Ech 96 unité P ensemble inférieur |

Planches photos 1: *Vue sous MEB des grains de quartz de l'ensemble inférieur (Guerrara).*

Grains de quartz subarrondis (ech112) et émoussés luisants (ech96) de l'ensemble inférieur présentant des formes géométriques en triangles emboîtés les uns dans les autres, indiquant une dissolution des surfaces des grains de quartz caractérisant un milieu pédogénètique sous-saturé en silice à Ph supérieur à 9. Une autre forme apparaît dans l'échantillon 96 et représente une desquamation (craquelure) sur la face externe du quartz indiquant un deuxième indice de dissolution.

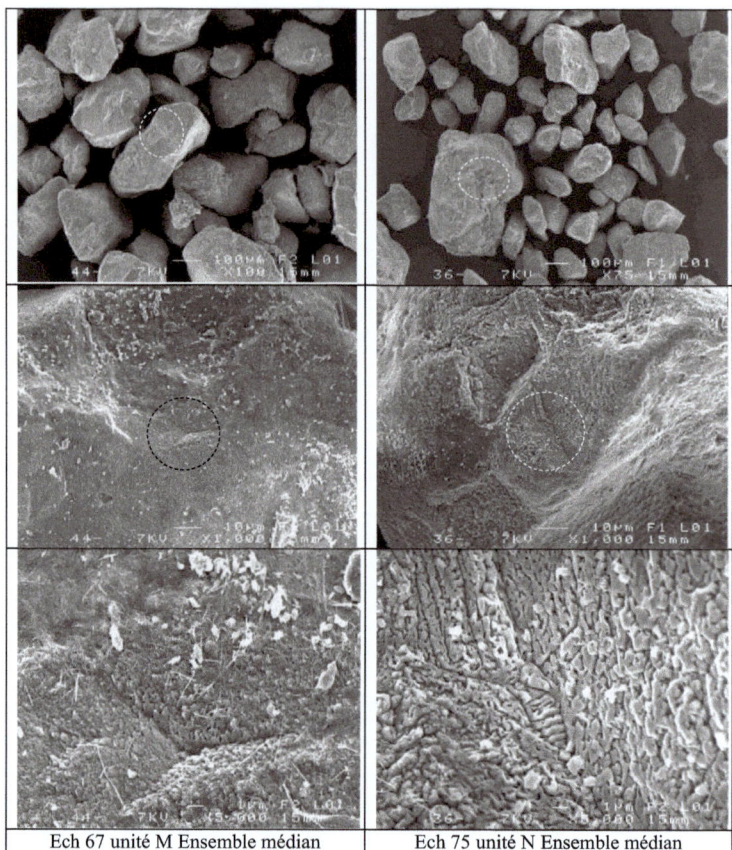

| Ech 67 unité M Ensemble médian | Ech 75 unité N Ensemble médian |

Planches photos 2*: Vue sous MEB des grains de quartz de l'ensemble médian (Guerrara).*

Grains de quartz subarrondis (ech67) de l'ensemble médian présentant des globules de silice (accumulation) les grains blanchâtres de calcite minuscule dûs à une mauvaise attaque à HCl et des argiles identifiées comme de la Palygorskite sous forme fibreuse. Des formes de dissolution en mosaïque (anastomosé) sont visibles dans l'échantillon 75 à droite.

Troisième partie :
Chapitre I :
Résultats et discussions
Résultats des analyses de laboratoire Coupe de Guerrara

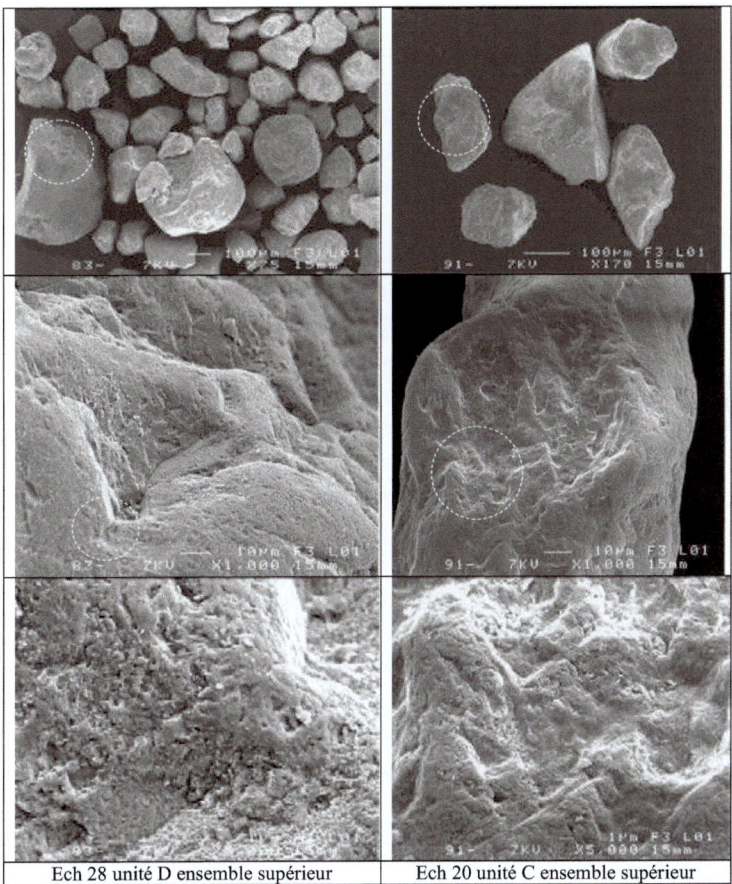

| Ech 28 unité D ensemble supérieur | Ech 20 unité C ensemble supérieur |

Planches photos 3*: Vue sous MEB des grains de quartz de l'ensemble supérieur (Guerrara).*

Grains de quartz subarrondis (ech28) présentant des traces de chocs en croissant héritées d'un régime éolien. L'échantillon 20 du niveau C de l'ensemble supérieur présente aussi des traces de chocs, mais en V (la forme des traces de chocs témoigne d'un vent de moyenne à forte énergie).

I.2.6. Description micromorphologique :

L'examen des lames minces au microscope en lumière polarisée et analysée (LPA) et sous lumière polarisée non analysée (LPNA) permet de :

- Suivre avec précision la transformation du matériau parental ou au contraire de mettre en évidence des enrichissements du sol par des apports de sédiments (Courty., 2001) ;

- Identifier les processus pédogénétiques, diagénétiques et les paramètres paléoclimatiques et d'altération (FitzPatrick., 1993 ; Stoops., 2003).

La description microscopique de lames minces montre dans la coupe de Guerrara une structure grenue dans l'ensemble des lames, un taux de porosité inférieur à 15 % ; un assemblage aléatoire des grains dû soit à un remaniement des particules pendant le transport ou à une rotation des grains due à l'accumulation, indiquée aussi par la présence d'oxydes de fer et argiles tout autour des grains et non pas spécialement dans un seul sens. Les taches blanchâtres ou nodules calcaires sont présents dans certains niveaux. Le quartz est un des principaux constituants des grès, il est formé de SiO_2 presque pur. On le reconnait en lame mince, en LPNA, à ce qu'il est toujours limpide et inaltéré. En LPA, il présente des teintes de biréfringence faible. Son aspect micromorphologique demeure pratiquement constant dans toute la coupe, il est de taille différente et de forme sub-arrondie dans l'ensemble supérieur, il devient émoussé à sub -anguleux dans l'ensemble médian et de base, ce qui suggère un agent de transport fluviatile dominant.

Les grains de quartz semblent altérés sur les faces extérieures, avec des microfissures et des stries. Sont également présents des grains de opaques d'oxydes de fer et quelques minéraux lourds. Les grains sont cimentés par un ciment carbonaté (sparitique equigranulaire) et les pores intergranulaires sont remplis par le baume de Canada.

D'après la définition pédologique, il existe deux types de traits :

1-Les traits cristallins représentés par le ciment sparitique equigranulaire calcaire en hypo revêtement (pédoréliques).

2-Les traits ferrugineux, avec des oxydes se présentant sous forme de gangue sur les faces des grains de Quartz (argiles ferrugineuses), en revêtements brun à noir. Ils contribuent à donner une coloration rubéfiée aux sédiments.

Les traits cristallins sont le résultat de la circulation des eaux interstitielles (météorique ou de nappe), tandis que les traits ferrugineux sont dus à une pédogénèse. Le remaniement est révélé par la présence d'oxydes tout autour des grains avant leur mise en place finale.

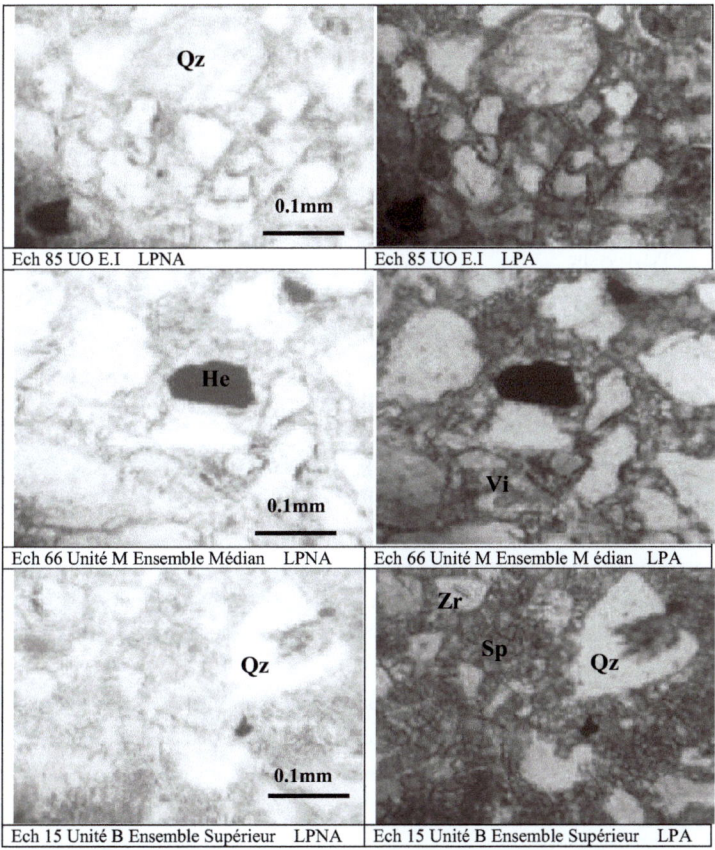

Planches photos 4*: Vue des lames minces de micromorphologie sous microscope polarisant (Guerrara).*

Nous remarquons sur ces photos que le ciment sparitique Sp occupe beaucoup plus d'espace intergranulaire dans l'ensemble supérieur que dans les deux ensembles médians et inférieurs Qz (quartz), Zr (inclusion en zircon), Vi (vide intergranulaire rempli de baume de canada).

Troisième partie :
Chapitre I :
Résultats et discussions
Résultats des analyses de laboratoire Coupe de Guerrara

I.2.7. Analyse minéralogique :

I.2.7.1. Minéralogie de la fraction fine :

Dans le but d'établir une étude paléoclimatique de la région de Guerrara, nous avons effectué une étude minéralogique non orientée de la fraction fine, parce que selon Tucker(1991), la plupart des minéraux argileux présentent une stabilité à l'éthylène glycol et à l'échauffement, seule la smectite et la kaolinite gonfle de 10 à 17Å. L'objectif est d'identifier les principaux minéraux argileux des formations mio-pliocènes.

Suivant l'analyse des spectres diffractométriques et la détermination de la majorité des pics essentiels et secondaires, nous constatons que les minéraux argileux présents sont :

Palygorskite $(Mg,Al)_2Si_4O_{10}(OH)_4H_2O$

Sépiolite $Mg_4Si_6O_{15}(OH)_2 \cdot 6H_2O$

Smectite (montmorillonite) $(Na, Ca)_{0,3}(Al, Mg)_2Si_4O_{10}(OH)_2 \cdot nH_2O$

Illite $(Al,Mg,Fe)_2(SiAl)_4O_{10}[(OH)_2,(H_2O)]$

Kaolinite $Al_2Si_2O_5(OH)_4$

Halloysite $Al_2Si_2O_5(OH)_4$

Valuevite (xanthophyllite) $Ca(Mg_2Al)(Al_{28}Si_{12})O_{10}(OH)_2$

Chlorite $Al_4Si_4O_{10}(OH)$

Le minéral primaire présent est le Quartz SiO_2.

L'étude semi-quantitative des minéraux argileux à partir des diffractogrammes des agrégats orientés donne la répartition suivante (Tableau 05et Figure 18) :

Le Quartz SiO_2 : c'est le minéral utilisé pour calibrer les différents spectres. Son pic est très remarquable à 3.34 Å.

La Chlorite $Al_4Si_4O_{10}(OH)$: c'est un minéral argileux de type 2/1/1, elle est présente en trace dans certains niveaux, elle provient de l'altération physico-mécanique des silicates ferromagnésiens sous des conditions arides et climat froid. Selon Havelicek (1999), la chlorite résiste mieux à l'altération que les micas ; cela est dû à son caractère ferromagnésien.

Tableau 5: *Valeurs semi-quantitatives des minéraux argileux présents*
dans la coupe de Guerrara en %.

Ensembles	unités	Numéros Echantillons	Palygorskite	Chlorite	Sépiolite	Smectite	Illite	Kaolinite	Halloysite	Veluevite
Supérieur	A	5	77.00	17.39	0.45	0.11	1.60	1.80	0.45	1.20
	B	15	75.30	18.68	0.42	0.10	2.80	1.30	0.30	1.10
	C	20	73.20	21.02	0.33	0.08	3.10	1.20	0.22	0.85
	D	28	71.40	26.10	0.21	0.10	1.20	0.10	0.03	0.86
	E	34	63.50	33.43	0.11	0.11	0.60	1.20	0.22	0.83
	F	37	60.20	34.43	0.25	0.12	2.50	1.40	0.32	0.78
	G	40	62.40	31.13	0.41	0.11	3.50	1.30	0.30	0.85
Médian	H	45	76.60	16.92	0.22	0.10	3.30	1.50	0.36	1.00
	I	49	74.20	20.78	0.26	0.11	2.20	1.30	0.30	0.85
	J	52	71.80	24.19	0.32	0.09	1.10	1.40	0.32	0.78
	K	55	68.60	28.92	0.40	0.05	0.50	0.60	0.05	0.88
	L	59	65.30	29.10	0.35	0.10	2.90	1.20	0.22	0.83
	M	67	62.10	32.48	0.31	0.11	2.60	1.30	0.30	0.80
	N	75	63.70	33.24	0.26	0.11	1.70	0.10	0.03	0.86
De Base	O	81	72.20	24.79	0.27	0.09	0.80	0.80	0.07	0.98
	P	96	70.60	25.48	0.25	0.08	2.50	0.20	0.04	0.85
	Q	104	65.30	29.04	0.24	0.10	3.20	1.10	0.18	0.84
	R	109	62.10	32.96	0.28	0.11	2.30	1.20	0.22	0.83

La Kaolinite : c'est un minéral argileux de type 1/1. Ce qui signifie qu'un feuillet de kaolinite est formé de deux couches (octaédrique et tétraédrique), elle est le résultat de l'altération des feldspaths. Les pics de la kaolinite révèlent tous un mauvais état de cristallinité (altération).

La Halloysite : c'est un minéral interstratifié qui se forme par altération de la kaolinite, suite à l'addition de couches d'eau entre les feuillets de la kaolinite, l'espace basal de ces derniers augmente en conséquence et on assiste à la formation de ce minéral qui se présente sous forme de spirale. Après chauffage, la halloysite se déshydrate irréversiblement en kaolinite (Manning 1995).

La Veluevite (Xanthophyllite) : c'est une variété de clitonite (groupe des micas, système cristallin monoclinique Ca $(Mg,Al)_3(Al_3SiO_{10})(OH)_2$) riche en aluminium. Ce minéral se trouve associé avec la Halloysite tout autour des grains de quartz sous forme d'une gangue (hydroxydes) révélée par ses pics proche du pic de Quartz.

L'Illite : c'est le nom d'un groupe de minéraux argileux non gonflants. L'illite est un minéral argileux de type 2/1. Cela signifie qu'un feuillet élémentaire d'illite est formé de trois couches (tétraédrique, octaédrique, tétraédrique : TOT). Elles sont structurellement très proches des micas (muscovite, biotite) et d'autres silicates (feldspath, feldspathoides, orthose) dont elles sont issues par Bisialitisitation, réaction ayant lieu lors de l'attaque de l'eau dans certaines conditions de température et de pression. Les pics sont mal caractérisés, prouvant un mauvais état de cristallinité.

La Palygorskite : c'est un minéral argileux fibreux abondante dans tous les ensembles, elle constitue, selon Bolle et al. (1999), un marqueur de climat chaud et aride. Elle évolue en même temps que le quartz, suggérant ainsi une même origine d'apport c'est-à-dire un transport éolien.

La Sépiolite : c'est un minéral du groupe des argiles à structure fibreuse. Le nom de ce minéral dérive d'un terme grec ancien, francisé en sépion et qui désigne l'os de seiche. La structure est en doubles feuillets de type mica, mais la polarité de chaque feuillet s'inverse tous les 6 tétraèdres, formant ainsi une structure 3D de doubles rubans anastomosés.

La Smectite (montmorillonite) : est un minéral composé de silicate d'aluminium et de magnésium hydraté, de la famille des phyllosilicates. C'est un minéral argileux de type 2/1, ce qui signifie qu'un feuillet de montmorillonite est formé de trois couches (une couche octaédrique et deux couches tétraédriques). Elle présente des pics indiquant pour la plupart une médiocre cristallinité.

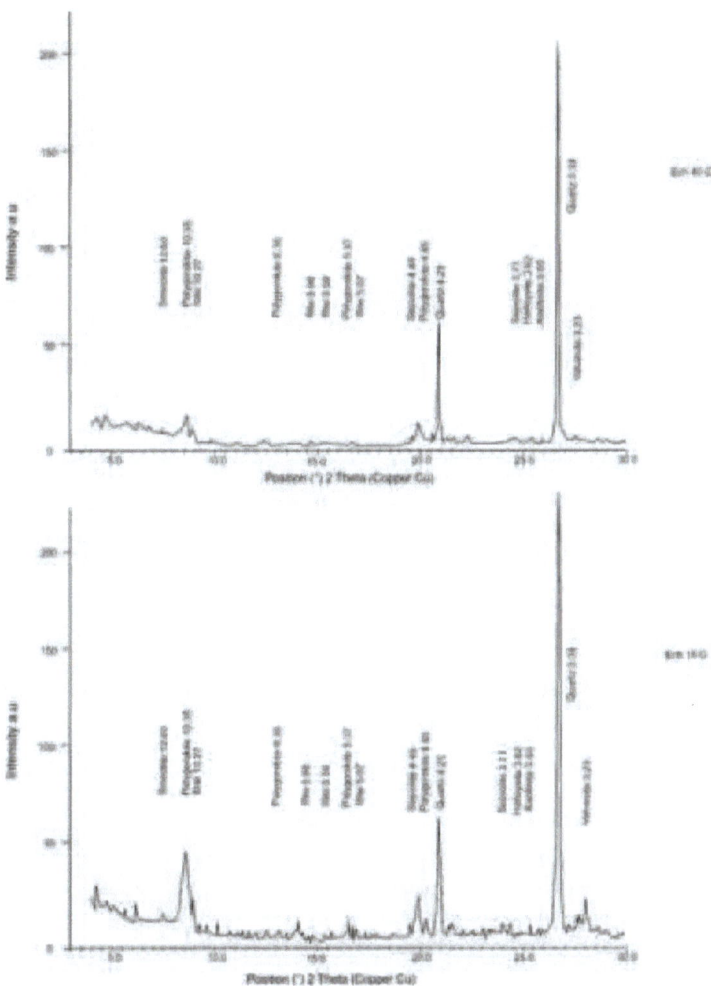

Figure 18: *Spectres diffractométriques de l'ensemble supérieur Guerrara.*

I.2.7.2. Analyse des minéraux lourds :

Le cortège des minéraux lourds identifiés à Guerrara (Tableaux 06 et 07) est nettement dominé par des minéraux ubiquistes résistants provenant de roches cristallines : (tourmaline, zircon, rutile) ou cristallophylliennes (grenats). Les oxydes de fer sont représentés par de l'hématite en feuillets.

Minéraux identifiés par diffractométrie dans les grès de Guerrara de l'échantillon 63 (ensemble médian), et valeurs de (d) de chaque minéral comparées aux valeurs données par les fiches ASTM :

Tableau 6: *Minéraux lourds identifiés par diffraction aux rayons x.*

	Première raie		Deuxième raie		Troisième raie	
	Valeur de d trouvée (A°)	Valeur de d d'après fiche A.S.T.M (A°)	Valeur de d trouvée (A°)	Valeur de d d'après fiche A.S.T.M (A°)	Valeur de d trouvée (A°)	Valeur de d d'après fiche A.S.T.M (A°)
Tourmaline	2,57	2,58	3,97	3,99	2,93 et 2.94	2,96
Zircon	6.21	6.22	3.83	3.82	2.93	2.93
Pyroxène	3,17	3,17			2,49	2,49
Goethite	4,21	4,21			2,45	2,44
hématite	2,70	2,69	1,71	1,69	2,47 et 2.48	2,51
Apatite			2,70	2,71	1,81	1,84
Ilménite	2,76	2,74	1,71	1,72	2,49 et 2.54	2,54
Grenat	2,56	2,57				
Rutile	3,22	3,25			2,49	2,49
Spinelle	2,44	2,44			1,45	1,43

L'analyse semi-quantitative effectuée sur 100 grains de chaques échantillons représentatifs, révèle les proportions indiquées dans le tableau suivant :

Tableau 7: *Valeurs semi-quantitatives des minéraux lourds de la coupe de Guerrara.*

Coupe	Diam mm	Tourmaline	Zircon	Grenat	Rutile	Sphène	Apatite	Ilménite	Hématite	Goethite	Barryte	Pyroxene	Amphibole	Indéterminés	Total des grains	Pourcentages
Guerrara	60 à 250 µm	15	12	10	5	4	5	18	28	16	4	6	2	42	167	56,61
	250 à 315µm	7	4	5	3	2	3	12	20	10	2	3	2	22	95	32,20
	315 à 500µm	2	2	2	0	0	1	4	10	3	1	0	0	8	33	11,19
	Pourcentages relatifs	8,14	6,10	5,76	2,71	2,03	3,05	11,53	19,66	9,83	2,37	3,05	1,36	24,41	295	100

Planches photos 5 : *Principaux minéraux lourds de la région de Guerrara (observation sous loupe binoculaire).*

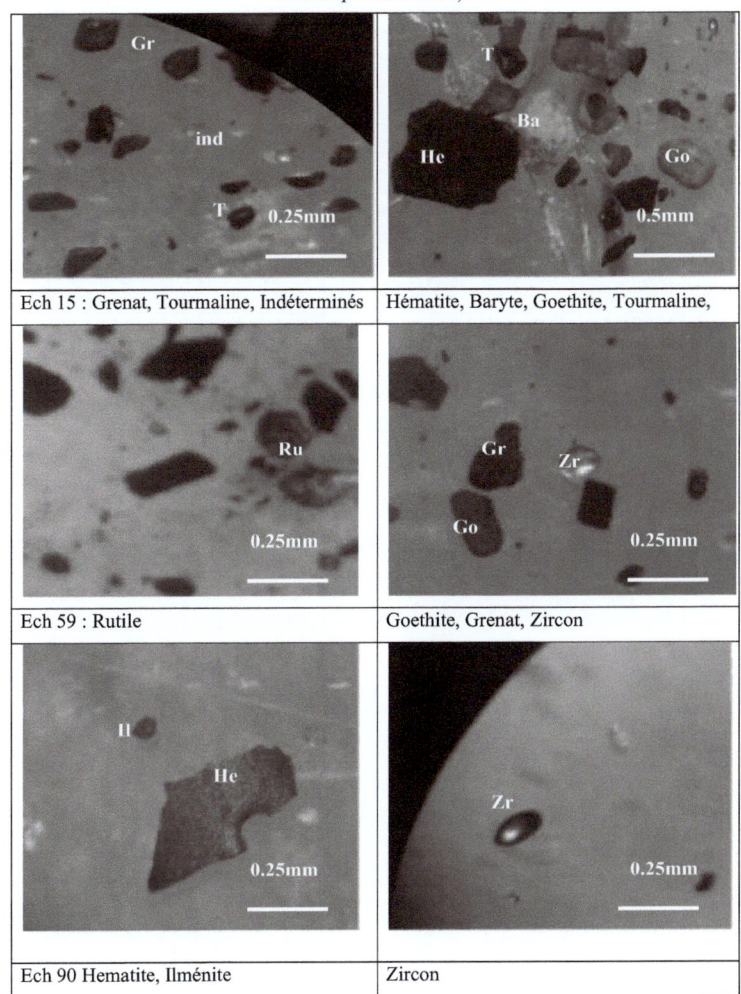

Ech 15 : Grenat, Tourmaline, Indéterminés	Hématite, Baryte, Goethite, Tourmaline,
Ech 59 : Rutile	Goethite, Grenat, Zircon
Ech 90 Hematite, Ilménite	Zircon

Planches photos 6 :: *Principaux minéraux lourds de la région de Guerrara (observation sous microscope polarisant).*

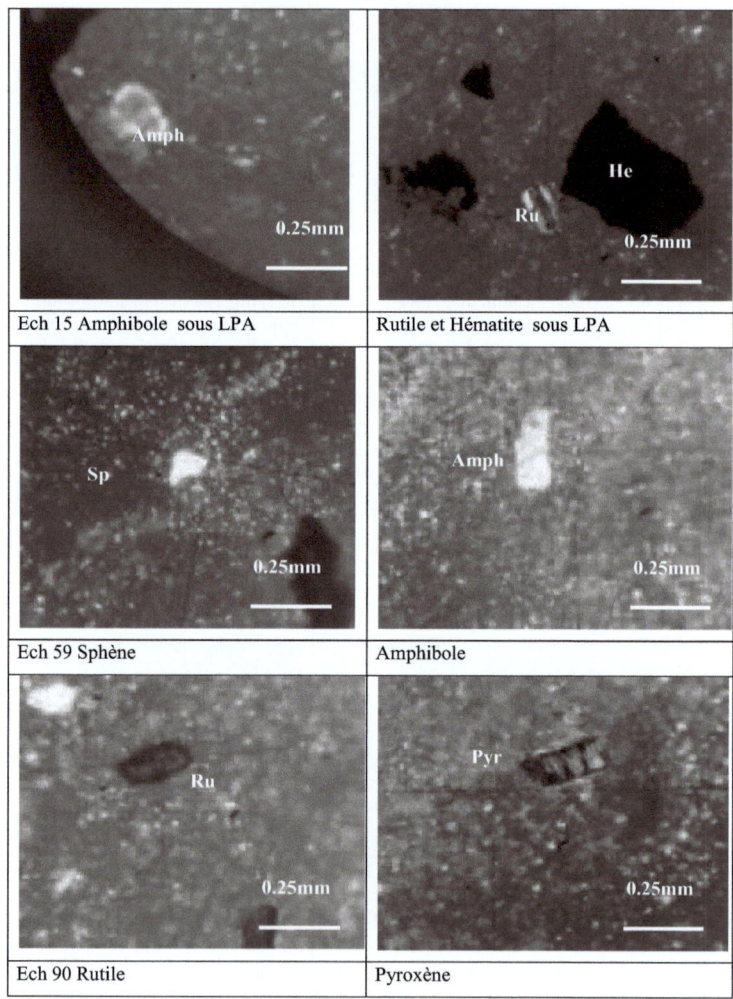

Ech 15 Amphibole sous LPA	Rutile et Hématite sous LPA
Ech 59 Sphène	Amphibole
Ech 90 Rutile	Pyroxène

I.3. Coupe de Ouargla :

I.3.1. Cadre géographique et géologique :

La coupe se localise à 5 km à l'Ouest de la ville de Ouargla (cité el N'asr). Géologiquement, la région est limitée à l'ouest et à l'est par les affleurements des formations gréseuses mio-pliocènes (deux rives de l'Oued M'ya), les formations carbonatées éocène et sénonienne apparaissent seulement dans les sondages à 180 m de profondeur. La coupe géologique et les prélèvements ont été effectués sur la rive gauche de la vallée en raison de son importance (Figure 19).

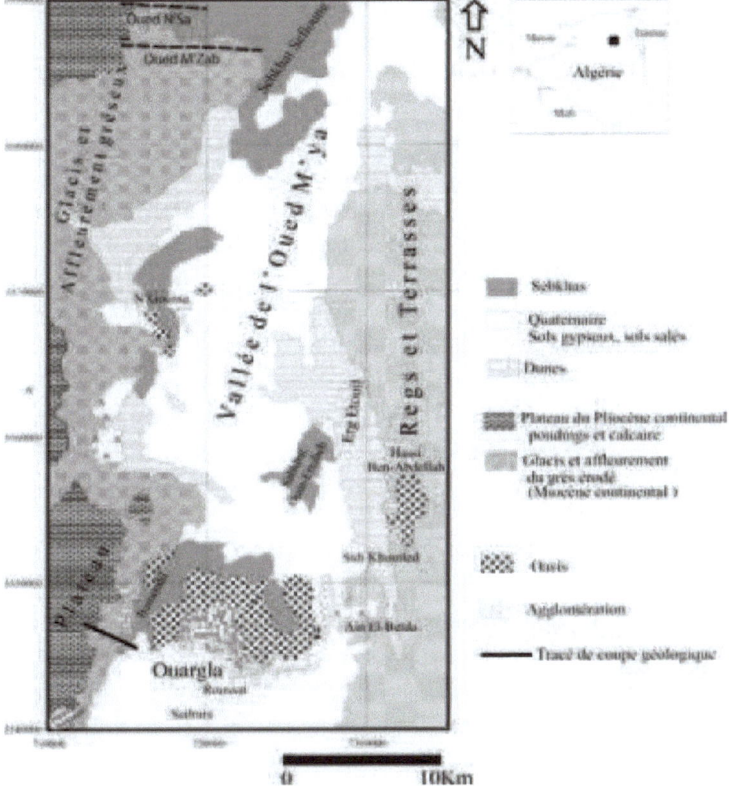

Figure 19: *Carte géologique de Ouargla d'après (S.C.G., 1952).*

I.3.2. Ensembles lithologiques

Ici, les trois ensembles apparaissent, mais il y a une distance importante (replat léger) entre l'ensemble de base et l'ensemble supérieur, c'est la raison pour laquelle on introduit un ensemble intermédiaire qui relie les deux niveaux, à la suite de la coupe qui a été faite (Fig.20) :

I.3.2.1 Ensemble gréseux inférieur (de base) : Il se trouve à la base de la série à proximité de l'Oued M'ya. Son épaisseur est de 10 mètres ; il est caractérisé par une couleur marron clair à encroûtement calcaire en forme allant de lenticulaire à subsphérique. Cet ensemble est semi-induré, les fissures sont réduites. On note la présence de plusieurs galeries creusées, sous forme de petites chambres alignées avec plusieurs issues, dont on ignore les âges, et qui représentent un refuge idéal pour les habitants actuels en période estivale. La structure est grumeleuse à porosité faible. Cette série se termine par une concentration élevée en nodules et blocs calcaires (calcrète) qui la sépare du niveau médian. Le taux de carbonates est estimé à 20 % en moyenne, la matière organique inférieure à 0.6 %. Le sédiment présente un pH basique limité entre 7.6 et 7.7, témoignant la basicité du milieu.

Cet ensemble comporte les unités suivantes :

K- épaisseur 2 m : elle est formée de calcrète (croûte calcaire et gypseuse centimétrique parfois décimétrique), blocs et cailloux de nature carbonatée, emballés dans une matrice gréseuse de couleur brunâtre.

L- épaisseur 2 m : elle est constituée de grès rose à rougeâtre, riche en cailloux et graviers.

M- 6 m de grès rougeâtre peu consolidé.

I.3.2.2 Ensemble gréseux médian : Il repose directement sur l'ensemble de base, et s'étend sur une distance approximative de 1 km, il présente une faible pente à sa base, qui devient importante au sommet. Il représente le siège d'implantation de l'ancienne et nouvelle cité El Nas'r. On observe des rhizoconcrétions et des manchons calcitiques. Cet ensemble est séparé de l'ensemble supérieur par le passage d'un niveau présentant un changement important de couleur (calcrète jaune citron), de consistance, de granulométrie et de texture (sableuse). Le taux de carbonates est faible, inférieur à 10 %

(Fig. 21). Le taux de matière organique est inférieur à 0.7 %, il est égal 1 % dans l'unité
J.

Cet ensemble atteint 32 mètres d'épaisseur et comporte les unités suivantes :

G- son épaisseur est de 2 mètres, il s'agit de sable jaunâtre présentant un niveau
remarquable.

H- son épaisseur est de 4 m, c'est un niveau gréseux graveleux peu consolidé de couleur
rougeâtre

I- son épaisseur est de 4 mètres, il s'agit de sable jaunâtre.

J- son épaisseur est de 22 m, il s'agit de grès peu consolidé, parfois graveleux, de
couleur rougeâtre.

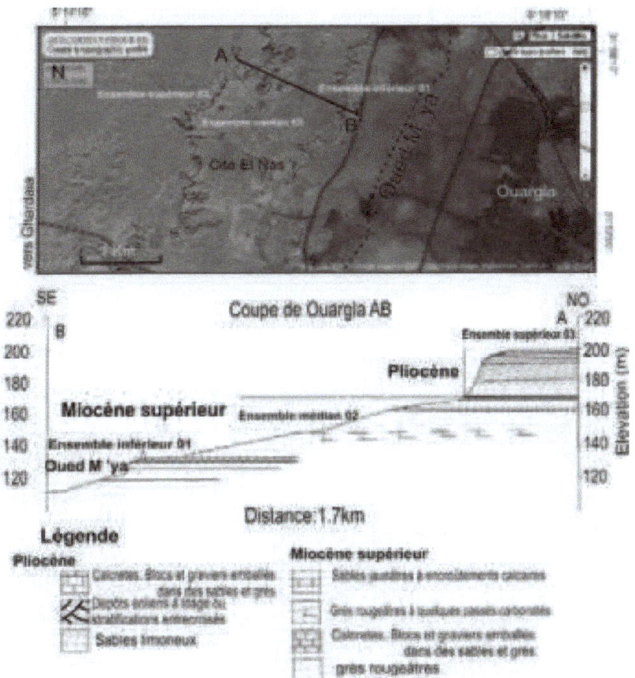

Figure 20*: Coupe dans la région de Ouargla (pour le positionnement voir image
Google Earth).*

I.3.2.3 Ensemble gréseux conglomératique supérieur : C'est l'ensemble terminal de cette série, il représente les zones les plus hautes de la région de Ouargla du côté ouest. Il s'étend sur de vastes étendues le long de l'Oued M'ya et affleure aussi au sud-est de Ouargla, ces unités présentent des passages nets. Cet ensemble a une épaisseur de 28 mètres. Il comporte les unités A, B, C, D, E et F ; les dépôts sont meubles à la base (F) et deviennent semi indurés au sommet. On observe de remarquables dépôts éoliens (litage) à stratification entrecroisés dans les unités D et E. La couleur est rougeâtre, et devient rose à blanchâtre au sommet. De nombreux graviers et cailloux sont emballés dans cet ensemble (calcrète). Les encroûtements calcaires et gypseux marquent l'unité supérieure (A) qui surmonte toute la série du Mio-Pliocène dans la région, avec un taux de carbonate de 45 % pour l'unité A contre 5 % pour le reste de ces unités.

L'ensemble supérieur comporte les unités suivantes :

A- Elle est constituée de 4 m de calcrète (croûte calcaire et gypseuse centimétrique parfois décimétrique), blocs et cailloux de nature carbonatée emballés dans une matrice gréseuse de couleur brunâtre, à sa surface nous rencontrons des regs.

B- L'unité est épaisse de 2 m, elle est formée de grès rosâtres, très riches en cailloux et graviers.

C-son épaisseur varie de 1,5 à 3 mètres, il s'agit de grès rougeâtres devenant rosâtres au sommet composés de sables et de graviers peu consolidés.

D- son épaisseur est de 3 m, il s'agit d'un niveau gréseux peu consolidés graveleux, de couleur brunâtre, à stratification entrecroisée.

E- de 7 m d'épaisseur, niveau gréseux graveleux de couleur rougeâtre, à stratification entrecroisée, il est meuble par rapport au niveau D.

F- d'une épaisseur de 10 m, il s'agit de sables consistants rougeâtres, marqués par des rizolithes et des manchons calcitiques et gypseux de taille centimétrique.

Les limites exactes entre les unités sont déterminées sur la base de l'analyse granulométrique des différents échantillons et aussi par rapport aux paramètres sédimentologiques de chaque échantillon.

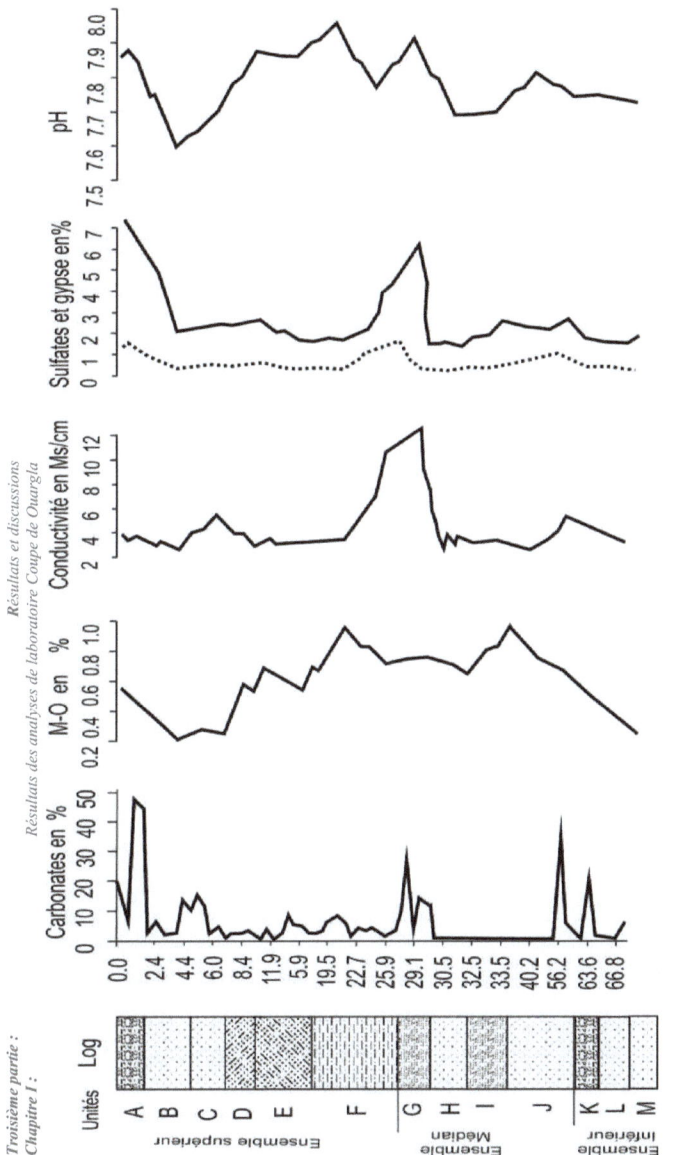

Figure 21: *Variation des paramètres chimique en fonction de la profondeur et les faciès.*

I.3.3. La Granulométrie globale :

I.3.3.1. Étude de la fraction granulométrique grossière

À partir de l'analyse de la fraction grossière, nous avons identifié plusieurs unités lithologiques. Les graviers et cailloux appartiennent à deux types : ils sont en totalité carbonatés mais ceux qui se trouvent dans le niveau sommital (A) sont des fragments de roches siliceuses en plusieurs formes et des concrétions calcaires. Nous remarquons que l'unité A renferme plus de graviers et de cailloux que le reste des unités (Tab. 08).

Tableau 8: *Distribution de la fraction globale en pourcent %.*

Ensembles	Unités	Blocs >25.6 cm	Cailloux 6.4-25.6 cm	Graviers 4-6.4 cm	Sables 2mm-40µm	Limons 40-2µm	Argiles < à 2 µm
Supérieur	A	1	5	10	78	4	2
	B, C	0	2	5	87	4	2
	D, E, F	0	0	15	79	4	2
Médian	G, H, I	0	0	5	89	4	2
	J	0	0	3	91	4	2
Base	K	0	0	5	87	6	2
	L, M	0	0	3	89	6	2

I.3.3.2. Étude de la fraction granulométrique fine

Les différents graphes de variations d'indices sédimentométriques sont tracés sur la base des résultats des analyses granulométriques de la fraction fine qui sont exprimés en courbes cumulatives et en courbes fréquentielles, ces paramètres se répartissent par ensemble :

I.3.3.3. Ensemble inférieur (de base) unités K, L et M :

Dans cet ensemble, les courbes granulométriques sont unimodales indiquant un mode faible et une tendance vers les sables grossiers. La fraction sableuse est prédominante par rapport aux autres classes granulométriques. Les indices granulométriques établis au granulomètre laser sur la fraction inférieure à 2 mm (Fig. 22 et 23) montrent un mode de l'ordre de 500 μm et une moyenne de 430 μm, indiquant une énergie cinétique moyenne à faible.

Les valeurs de l'indice de classement (sorting) S0 sont positives de 1.1 (sédiment très bien classé) indiquant une suspension et une resédimentation des matériaux anciens par voie hydrique ;

Le cœfficient de dissymétrie (Skewness) est négatif de -0.9 ; il traduit un classement meilleur du coté des particules grossières,

Le cœfficient d'acuité (Kurtosis) est de 0.75, avec une courbe leptokurtique et parfois platykurtique, ce qui indique une composition homogène (sables grossiers et fins).

La classification des sols fins suivant le diagramme ternaire (Folk, 1954) confirme que les sédiments prélevés dans cet ensemble ont un faciès sableux (Fig. 24).

I.3.3.4. Ensemble médian unités G, H, I et J :

Les courbes granulométriques à la base de cet ensemble sont unimodales, parfois bimodales, indiquant un mode faible. Cet ensemble occupe la partie médiane. La fraction sableuse est prédominante par rapport aux autres classes granulométriques. Les paramètres sédimentologiques montrent (Fig. 22 et 23) un mode de l'ordre de 550 μm et une moyenne de 450 μm, indiquant une moyenne énergie cinétique.

Les valeurs de l'indice de classement (sorting) S0 sont positives de   1.1 (sédiment très bien classé) indiquant une suspension et resédimentation des formations anciennes par voie hydrique,

Le cœfficient de dissymétrie (Skewness) est négatif de -1.1 ; il traduit un classement meilleur du coté des particules grossières,

Le cœfficient d'acuité (Kurtosis) est de 1.4, avec des courbes leptokurtiques en majorité, ce qui indique une composition homogène (sables grossiers et fins),

La classification des sols fins suivant le diagramme ternaire (Folk, 1954) (Fig. 24) confirme que les sédiments prélevés dans cet ensemble sont sableux.

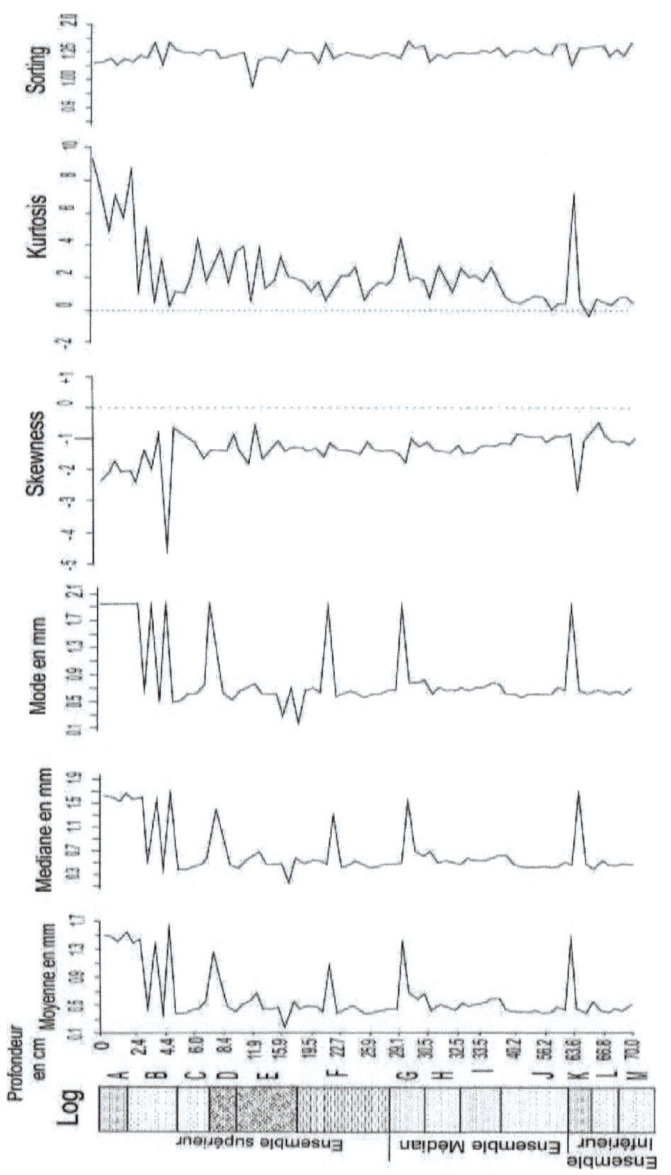

Figure 22 : *Variation des indices sédimentologiques en fonction de la profondeur.*

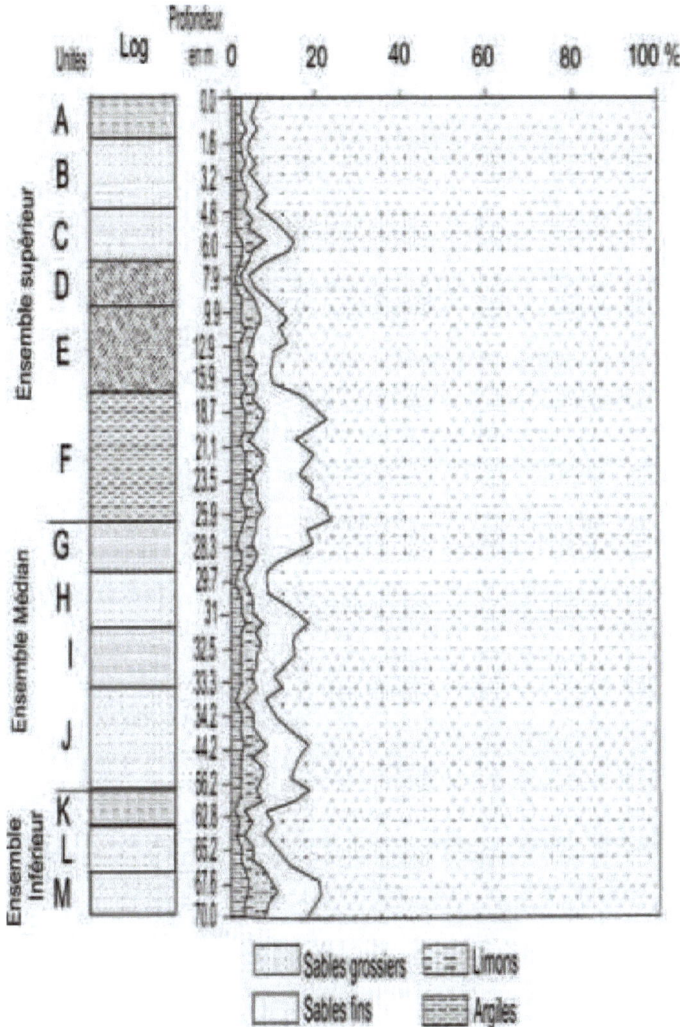

Figure 23: *Variation de la fraction fine (inférieure à 2 mm) en fonction de la profondeur.*

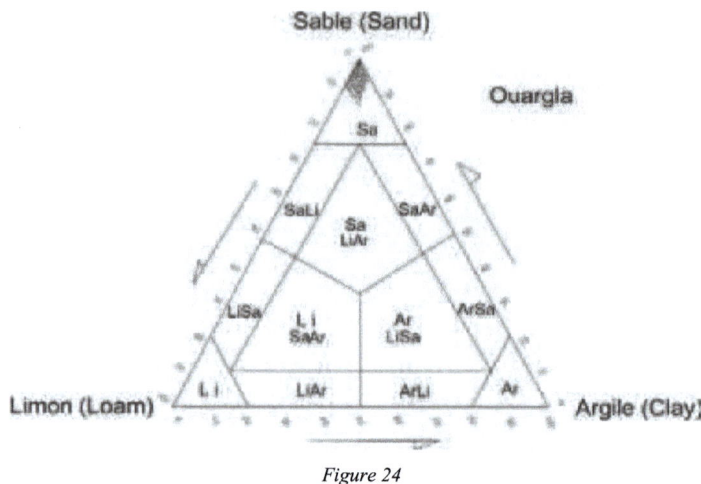

Figure 24

Figure 24 : *Répartition de la fraction fine sur un diagramme ternaire (Folk 1954).*

I.3.3.5. Ensemble supérieur unités A, B, C D, E et F :

Les courbes granulométriques ont une allure bimodale, les autres unités A et B ont une allure unimodale, un mode élevé en A. Cet ensemble occupe la partie terminale, il se caractérise par la présence d'encroûtements calcaires. La fraction sableuse reste prédominante par rapport aux autres classes granulométriques. Les paramètres sédimentologiques montrent (Fig. 22 et 23) un mode de l'ordre de 900 µm et une moyenne de 800 µm, indiquant une forte énergie cinétique.

Les valeurs de l'indice de classement (sorting) S0 sont positives de 1.06 (sédiment très bien classé), indiquant une reprise de sédimentation des formations anciennes par voie hydrique ou éolienne,

Le cœfficient de dissymétrie (Skewness) est négatif de -1.7 ; il révèle que le classement est meilleur du côté des particules grossières,

Le cœfficient d'acuité (Kurtosis) est de 2.5, avec des courbes leptokurtiques, ce qui indique une composition homogène (sables grossiers et fins).

86

La classification des sols fins suivant le diagramme ternaire de Folk (1954) (Fig. 24) confirme que les sédiments prélevés dans cet ensemble sont sableux.

I.3.4. Morphoscopie des grains de quartz :

Cette description morphoscopique montre que les grains de type ronds mats sont présents dans tous les niveaux, mais dominants seulement dans la partie supérieure (avec un taux moyen de 55 %). Dans l'ensemble médian et de base, leur pourcentage est de 18 %. Ces grains de quartz témoignent d'un régime éolien.

A partir de l'unité G (ensemble médian), les grains émoussés luisants dominent, avec un taux moyen égal à 60 % (Fig. 25), ce qui met en évidence l'influence du transport par l'eau et de la dynamique fluviatile.

Les Non Usés présentent un pourcentage moyen de 15 %. La présence de ces grains révèle une fragmentation due à un entrechoquement des particules transportées par le vent.

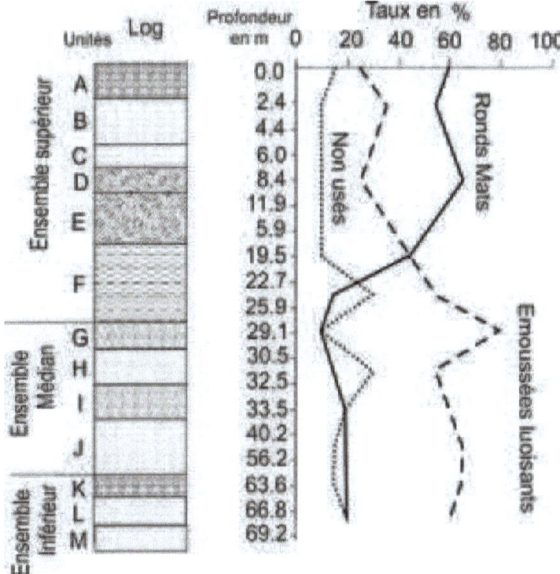

Figure 25: *Diagramme de variation morphoscopique du quartz en fonction de la profondeur.*

I.3.5. L'exoscopie du quartz :

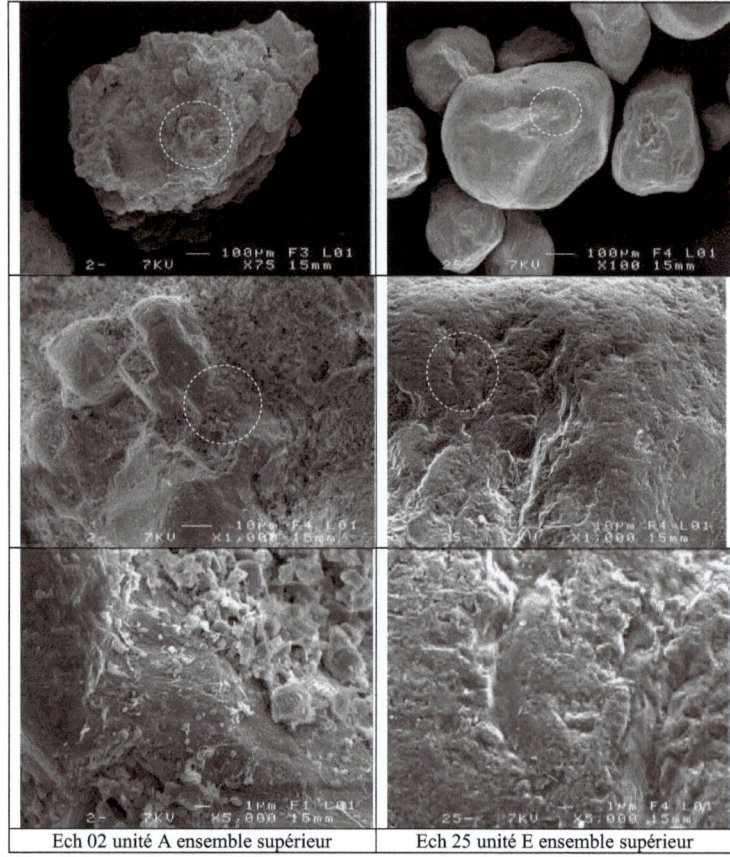

| Ech 02 unité A ensemble supérieur | Ech 25 unité E ensemble supérieur |

Planches photos 7*: Grains de quartz subarrondis de l'ensemble supérieur (Ouargla).*

Ech 02 et 25 le premier présente une forte adhérence à la calcite, les grains de ciment sparitique sont très visibles et les fibres sont la Palygorskite. L'échantillon 25 a des traces de chocs en coups d'ongle héritées d'un régime éolien.

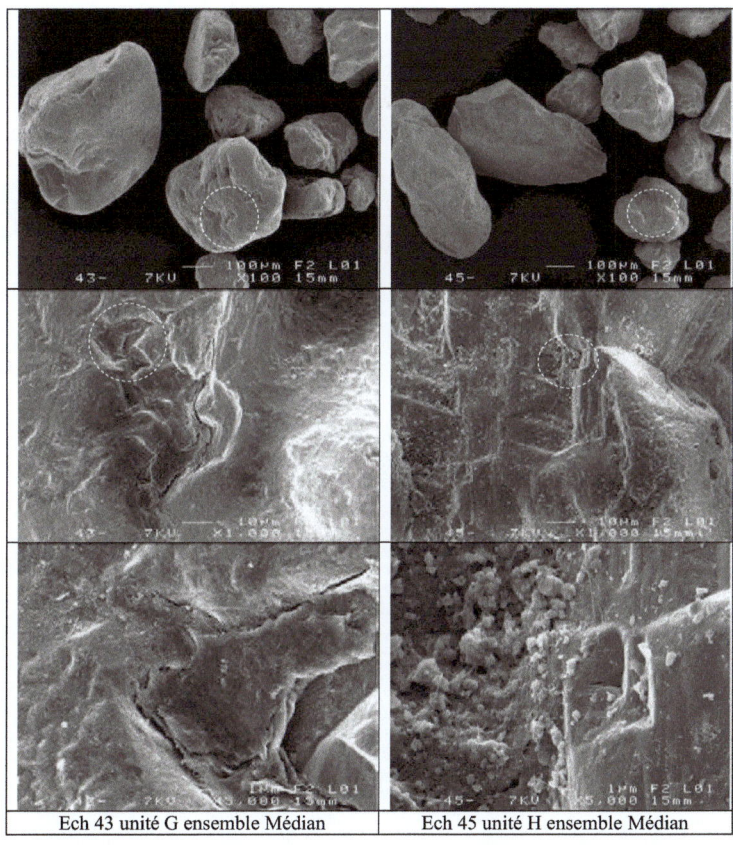

| Ech 43 unité G ensemble Médian | Ech 45 unité H ensemble Médian |

Planches photos 8: *Grains de quartz subarrondis (ech 43 et 45) de l'ensemble médian (Ouargla).*

On observe des formes géométriques en triangles emboîtés les uns dans les autres, dans l'échantillon 45 avec des grains minuscules de calcite indiquant une dissolution des surfaces des grains de quartz sous un régime fluviatile. Dans l'échantillon 43, on observe une desquamation (craquelure) sur la face externe du quartz indiquant un deuxième indice de dissolution.

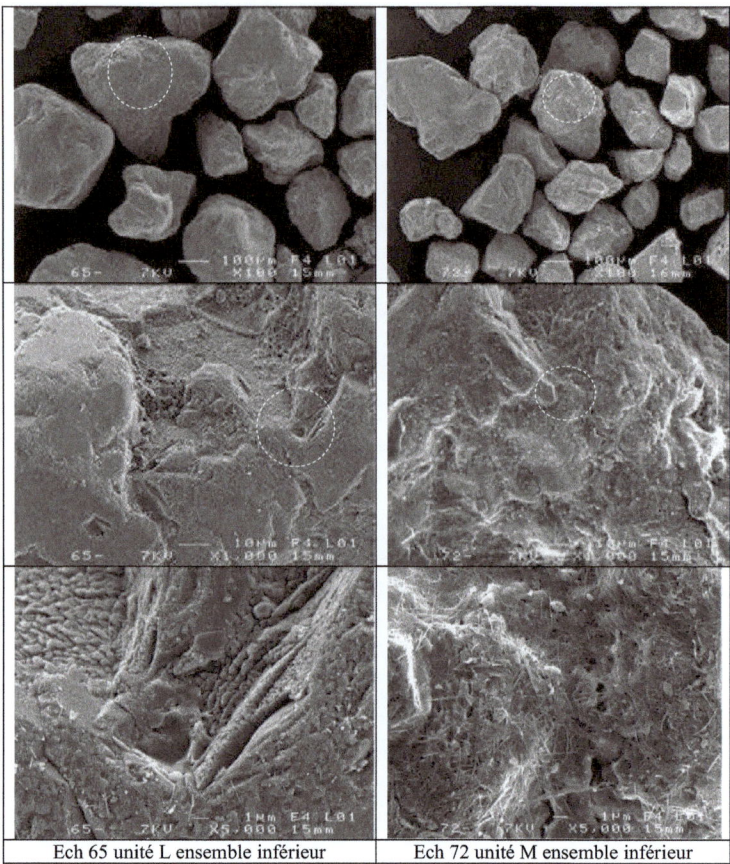

| Ech 65 unité L ensemble inférieur | Ech 72 unité M ensemble inférieur |

Planches photos 9: *Grains de quartz subarrondis (ech65 et 72) de l'ensemble inférieur (Ouargla).*

Présentant des formes de dissolution en triangle et en mosaïque à gauche, et de la Palygorskite en forme fibreuse recouvrant les dépressions des grains de quartz, les taches blanchâtres minuscules représentent des grains de calcite.

I.3.6. Description micromorphologique :

L'analyse de quelques lames minces sous microscope polarisant de la coupe de Ouargla montre en générale une texture grenue, un assemblage aléatoire des grains dû, soit à un remaniement des particules pendant le transport, soit à une rotation des grains par accumulation, d'où la présence d'oxydes de fer et d'argiles sur les grains. Les taches blanchâtres ou nodules calcaires sont présents dans certains niveaux.

Les grains de quartz présentent en plus des microfissures et de stries, résultats de l'altération mécanique, une dissolution de nature chimique sur leurs faces extérieures. On trouve également des grains opaques d'oxydes de fer et quelques minéraux lourds.

Les grains sont en partie cimentés par un ciment carbonaté (sparitique equigranulaire), les vides intergranulaires non cimentés sont très réduits et ils sont complètement remplis par le baume de canada. Les mêmes traits rencontrés à Guerrara sont présents à Ouargla (traits cristallins et ferrugineux). (Planche photo 10)

Les grains de quartz ne sont pas bien joints au sommet de la série (Pliocène), un contact léger au niveau des surfaces de grains et qui devient peu serrée à la base de la formation (Miocène).

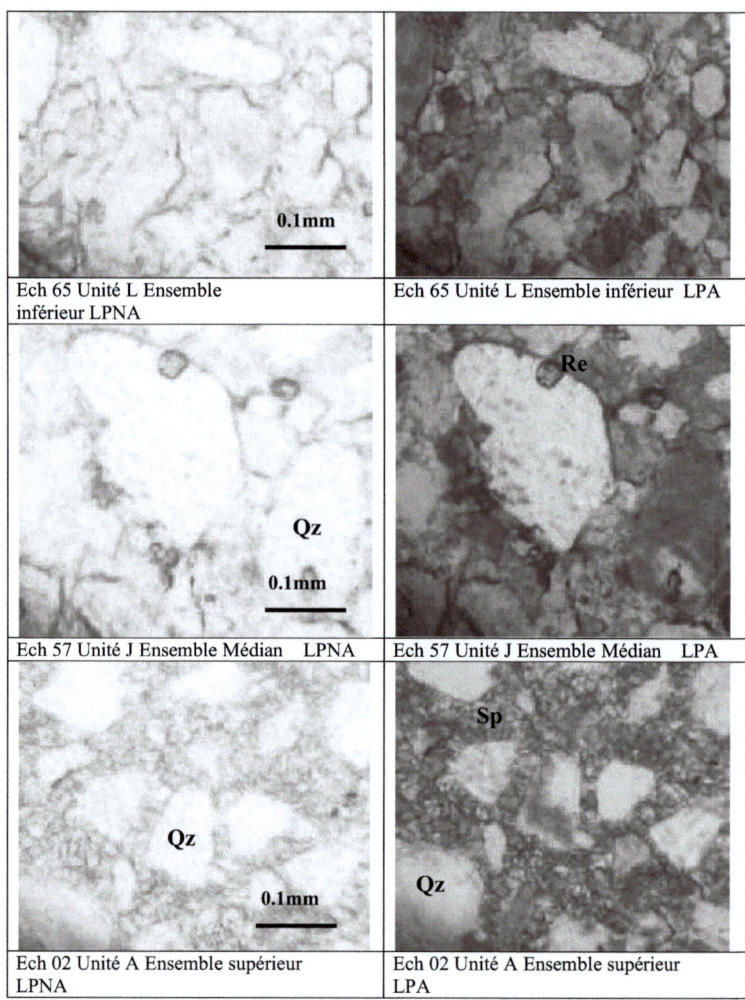

Planches photos 10*: Vue des lames minces de micromorphologie sous microscope polarisant (Ouargla).*

Dans ces photos le ciment sparitique Sp occupe beaucoup plus d'espace dans l'ensemble supérieur que dans les deux ensemble médian et inférieur Qz (quartz altéré), Re (résine : Baume de canada).

I.3.7. Analyse minéralogique :

I.3.7.1 Minéralogie de la fraction fine :

Les minéraux argileux rencontrés dans la région de Ouargla ressemblent à ceux rencontrés à Guerrara, à l'exception de la calcite, abondante dans le niveau A.

Les minéraux primaires présents sont le Quartz (SiO_2) et la calcite ($CaCO_3$) (Fig. 26).

L'étude semi-quantitative des minéraux argileux à partir des diffractogrammes des agrégats orientés donne la répartition suivante (Tableau 09) :

Tableau 9: *Valeurs semi-quantitatives des minéraux argileux présents dans la coupe de Ouargla.*

Ensembles	unités	Numéros Echantillons	Palygorskite	Chlorite	Sépiolite	Smectite	Illite	Kaolinite	Halloysite	Veluevite
Supérieur	A	2	75.00	19.85	0.35	0.10	1.80	1.30	0.30	1.30
	B	5	74.10	20.49	0.30	0.09	2.50	1.20	0.22	1.10
	C	10	73.40	22.52	0.32	0.08	2.80	0.10	0.03	0.75
	D	15	72.30	23.93	0.28	0.09	1.10	1.20	0.22	0.88
	E	25	67.50	28.82	0.13	0.10	0.90	1.40	0.32	0.83
	F	29	66.20	27.83	0.45	0.13	3.00	1.30	0.30	0.79
Médian	G	43	75.10	19.13	0.26	0.10	2.80	1.50	0.36	0.75
	H	45	74.60	20.15	0.24	0.12	2.50	1.30	0.30	0.79
	I	52	75.10	19.57	0.26	0.10	2.80	1.20	0.22	0.75
	J	57	70.80	24.86	0.32	0.09	1.30	1.50	0.36	0.77
Inférieur	K	63	67.50	29.69	0.40	0.08	0.80	0.60	0.05	0.88
	L	65	62.40	31.53	0.45	0.12	3.00	1.40	0.32	0.78
	M	72	63.20	31.12	0.35	0.13	2.80	1.30	0.30	0.80

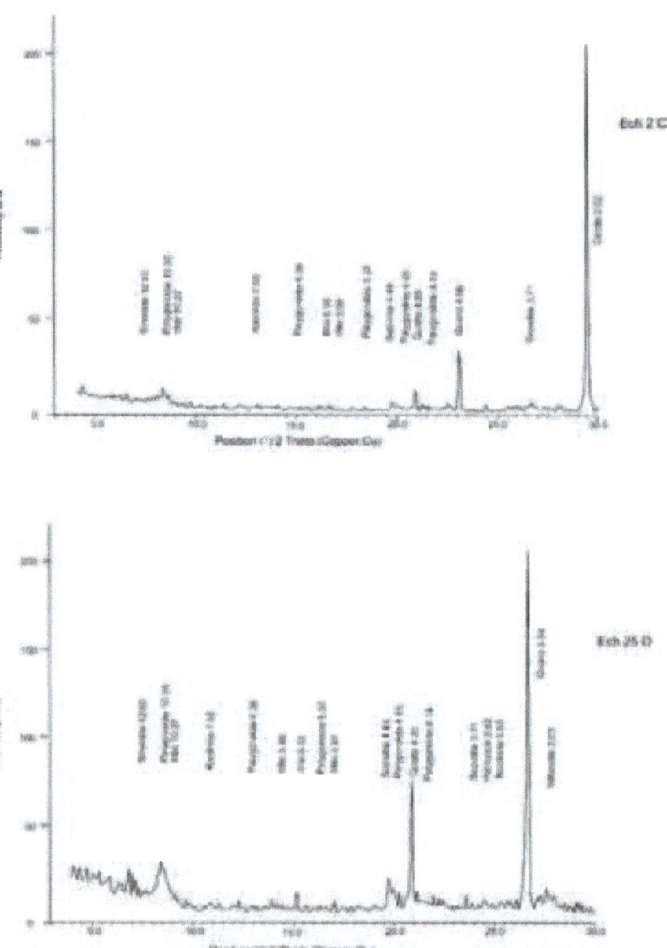

Figure 26*: Spectres diffractométriques de l'ensemble supérieur de Ouargla.*

I.3.7.2 Analyse des minéraux lourds :

Les minéraux sont presque identiques à ceux observés à Guerrara, mais du point de vue quantitatif, le cortège des minéraux lourds identifiés dans la coupe de Ouargla est beaucoup plus important. On rencontre des minéraux des roches d'origine cristallophylliennes ou magmatique tels : la tourmaline, zircon, rutile et grenats. Les oxydes de fer sont représentés par de l'hématite en feuillets.

Suite à l'analyse diffractométrique de quelques minéraux lourds, on constate une forte ressemblance de ce cortège minéral avec celui de Guerrara. (Tableau 10) :

Tableau 10: *Valeurs semi-quantitatives des minéraux lourds de la coupe de Ouargla en %.*

Coupe	Diam mm	Tourmaline	Zircon	Grenat	Rutile	Sphène	Apatite	Ilménite	Hématite	Goethite	Baryte	Pyroxene	Amphibole	Indéterminés	Total	Pourcentages
Ouargla	60 à 250µm	18	15	8	6	5	8	22	35	18	4	5	3	67	214	54,59
	250 à 315µm	9	5	7	4	2	5	18	25	12	2	4	2	35	130	33,16
	315 à 500µm	3	3	5	0	0	2	5	12	4	2	0	0	12	48	12,24
	Pourcentages relatifs	7,65	5,87	5,10	2,55	1,79	3,83	11,48	18,37	8,67	2,04	2,30	1,28	29,08	**392**	**100**

Planches photos 11: *Principaux minéraux lourds de la région de Ouargla (observation sous loupe binoculaire).*

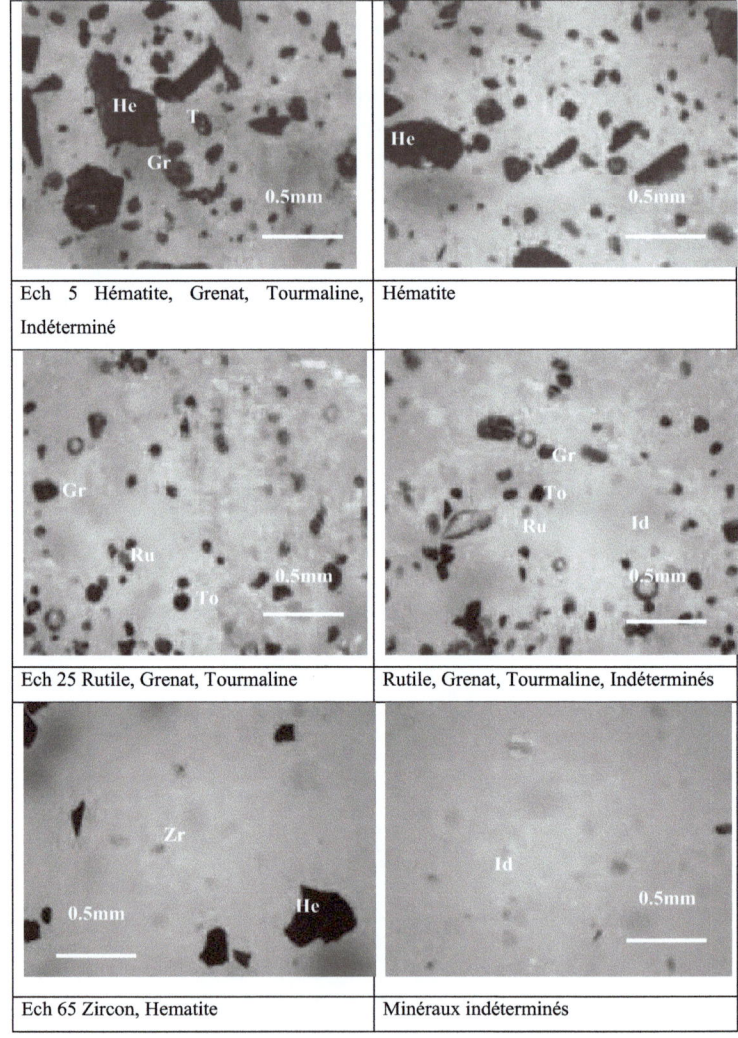

Ech 5 Hématite, Grenat, Tourmaline, Indéterminé	Hématite
Ech 25 Rutile, Grenat, Tourmaline	Rutile, Grenat, Tourmaline, Indéterminés
Ech 65 Zircon, Hematite	Minéraux indéterminés

Planches photos 12: *Principaux minéraux lourds de la région de Ouargla (observation sous microscope polarisant).*

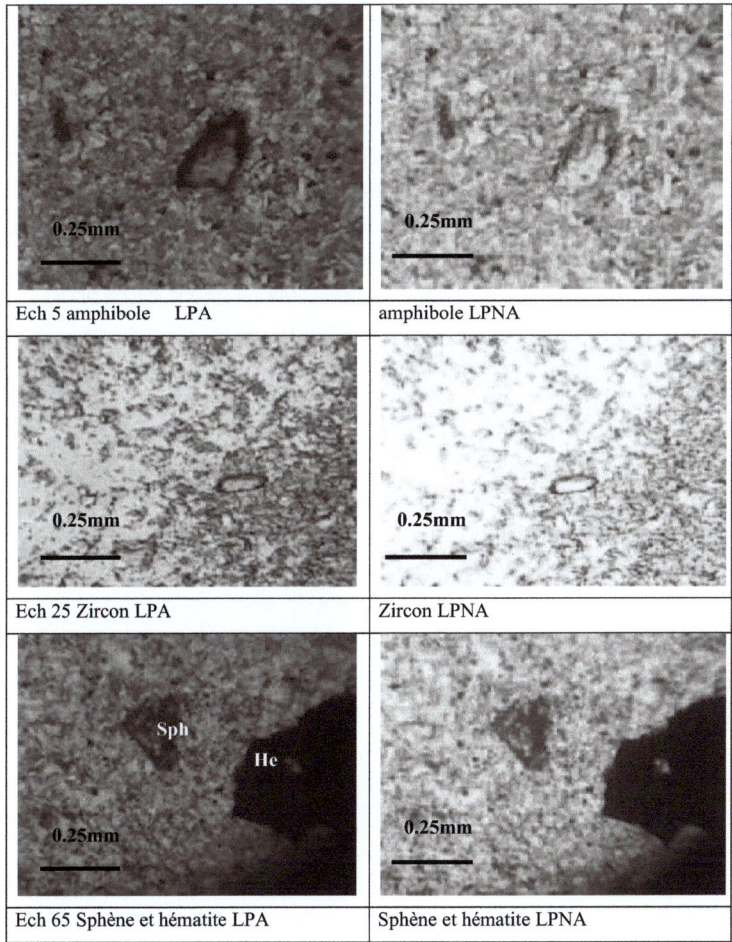

I.4. Conclusion

Les descriptions du site ont montré trois ensembles dans la formation mio-pliocène, qui présente un faciès gréseux peu consolidé. Des niveaux indurés, des croûtes et des nodules calcaires (calcrètes) ou gypseux marquent l'évolution climatique de la région.

Les résultats d'analyse sédimentologiques révèlent un facies sableux (quartzeux) peu cimenté, avec de la calcite, provenant des eaux de nappes ou probablement des oueds. Ces dépôts sont homogènes du point de vue de la composition minéralogique, avec du quartz dominant par rapport aux autres minéraux.

Les descriptions morphoscopiques et exoscopiques ont montré que les grains de quartz ont des formes variables, les ronds mats et les grains émoussés luisants se retrouvent dans tous les ensembles, mais avec des proportions différentes. Les ronds mats dominent en effet dans la partie supérieure et les émoussés luisants dans les parties médiane et de base.

L'analyse au rayon x de la fraction fine et argileuse révèle la dominance de la palygorskite par rapport aux autres minéraux argileux. L'identification des minéraux lourds montre une forte concentration en oxyde de fer (hématite), d'où la couleur rubéfiée de ces formations. Certains minéraux lourds, tels que la tourmaline, le zircon, le grenat (etc …) proviennent de l'altération des roches magmatiques acides.

Chapitre II
Discussion des résultats

Chapitre II Discussion des résultats

La coupe de Guerrara

II.A.1. Interprétation séquentielle

Dans leur état actuel, l'incision des abruptes en plusieurs ensembles sous forme de gradins témoigne des cycles de variation du niveau statique de l'oued (eustatiques et tectoniques).

L'absence de fossiles et microfossiles dans les échantillons analysés sous la loupe binoculaire et sous microscope polarisant suggère que le transport est aquatique-éolien dominant.

La formation mio-pliocène étudiée dans la région de Guerrara repose en discordance sur les argiles marneuses violacées de l'Éocène supérieur. Ces marnes sont caractérisées par une microfaune riche en Nummulites, Globigérines et Milioles rencontrée dans les forages hydrauliques de l'ouest et du centre de Guerrara (100 mètres de profondeur), c'est la principale limite (base de corrélation) qui coïncide avec le cycle de Vail (1977). L'épaisseur de la formation augmente en allant vers l'est (centre du bassin de l'Oued M'ya).

Sur le plan tectonique, les traces de la tectonique Néogène et les variations eustatiques se manifestent sur site par :

Les failles : une faille d'orientation NE-SO est présente au centre de Guerrara. A plus petite échelle, il y a deux familles de failles d'orientation ENE-OSO et NNE-SSO. Cette fracturation est nette dans l'ensemble médian ; où on observe un basculement de la dalle gréso-carbonatée vers l'Est et l'Ouest.

Les discordances : elles se manifestent à l'échelle locale et régionale

Plusieurs discordances d'origine tectonique ou eustatique ont été enregistrées et sont corrélables sur les bassins néogène (Chebbah 2007).

D0 : Discordance angulaire régionale engendrées par des phénomènes d'ordre tectonique (ou cartographique) régionale, elle met en contact la séquence du Miocène supérieur avec son substratum Eocène et correspond à la régression vindobonienne (Miocène).

D1 : Discordance locale (progressive), elle sépare l'ensemble inférieur et moyen du Miocène supérieur (surface durcie).

D2 : Discordance régionale (ravinement), entre les dépôts gréseux peu consolidés miocènes et les dépôts pliocènes.

D3 : Discordance locale (progressive), elle sépare le Pliocène inférieur et supérieur.

D4 : Discordance régionale (ravinement), elle sépare le Pliocène du Quaternaire.

Parmi ces discordances, nous distinguons :

Les discordances de grande extension rencontrés dans la plateforme Saharienne, voire d'ordre régional, sont dues à l'eustatisme. Ces discontinuités repérées dans tout le bassin se surimposent (ou coïncident) aux grands mouvements tectoniques de l'Eocène supérieur, Vindobonnien (Tortonien) et Attique (fini-miocène) (Vail et al, 1977, Haq et al. 1987).

Un épisode régressif a été enregistré durant le Néogène moyen, provoquant l'érosion totale du Miocène inférieur et l'érosion partielle de l'Eocène supérieur, cet épisode est justifié par l'absence de ces sous-étages dans la majorité des forages réalisés.

A partir des données concernant les faciès sédimentaires, leur organisation et leurs enchaînements, des discordances enregistrées dans différents ensembles de la formation, un découpage séquentiel a été établi pour les coupes réalisées (unités visibles seulement). Le découpage de la série Néogène (Mio-pliocène) s'est fait suivant la méthode de Delfaud (1974 et 1984), ceci nous a permis de diviser les principaux cycles (Vail et al. 1987) présents dans notre région en trois séquences de troisième ordre ou cycles sédimento-pédogénétiques (MS II est représenté par les cycles P1 et P2 et MS III par le cycle P3). Ces cycles correspondent à des séquences détritiques se terminant par des niveaux à calcrètes (cyclothème), indiquant une subsidence suivie des phases de stabilité tectonique ou de calme (Freytet 1973 et Bensaleh 1989).

- La MS II du Miocène supérieur (Messinien) : c'est une séquence rétrogradante, d'une épaisseur de 30 m, caractérisée par des grès, niveaux carbonatés et gypseux, formée de 11 paraséquences.

- La MS IIIb du Pliocène inférieur : cette séquence progradante d'une épaisseur de 12 m est formée de quatre paraséquences, de sables et de limons rougeâtres meubles qui deviennent entrecroisés au sommet. Cette séquence est rencontrée dans de vastes étendus du Nord et du bas Sahara (Figure 27).

- La MS IIIa du Pliocène supérieur : d'une épaisseur de 3 m, elle est formée de trois paraséquences rétrogradantes, constituée de blocs, graviers, et cailloux emballées dans des sables roses à rougeâtres (conglomérats). Elle se termine par des croûtes calcaires et gypseuses.

Après cet épisode exclusivement détritique, typiquement éolien, repris par un régime fluviatile, on note une diminution progressive du matériel terrigène grossier et le développement de calcrètes. L'étude microfaciologique (micromorphologique) de certains de ces encroûtements permet d'envisager leur formation lors d'un processus cyclique (épigénèse) causé soit par : les fluctuations des nappes phréatiques entre zone saturée et vadose, soit par un climat chaud et humide (Semeniuk & Meagher 1981).

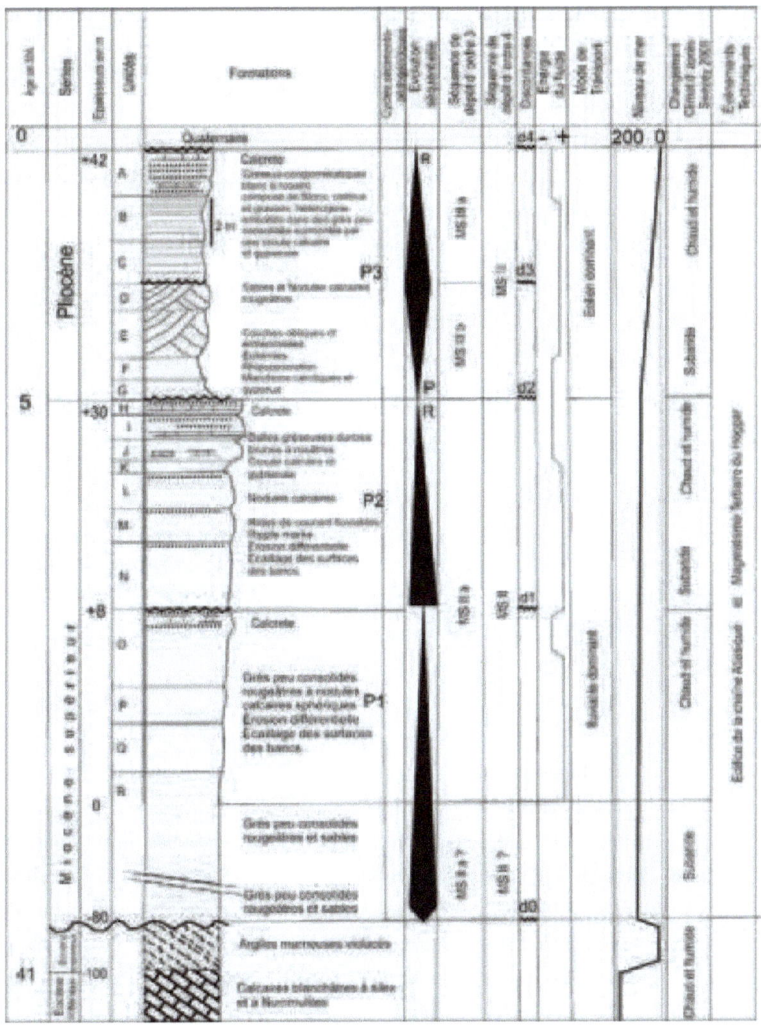

Figure 27: *Analyse séquentielle de la formation mio-pliocène coupe de Guerrara.*

II.A.2. Interprétation sédimentologique

D'après les résultats obtenus et les corrélations établies entre les différents indices sédimentologiques en se basant sur le diagramme de Freidman (1961), nous constatons qu'un régime mixte fluviatile et éolien a mis en place ces sédiments et a duré jusqu'à la fin du Mio-Pliocène. La répartition des indices sédimentologiques des différents échantillons illustre l'influence de l'agent hydrique (cours d'eau) dominant avec une influence d'un deuxième agent de transport qui est éolien (Fig.28).

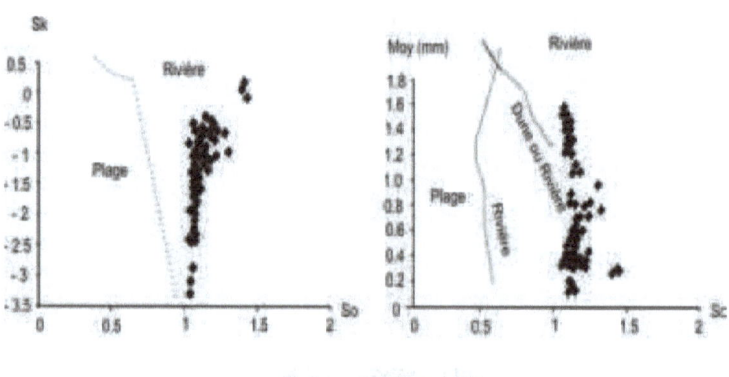

Figure 28: *Milieu de dépôts selon le diagramme de (Friedman., 1961).*

En analysant les répartitions des indices sur le diagramme bi-logarithmique de (Passega., 1957) le centile supérieur (C) en fonction de la médiane (M) (Fig. 29), nous constatons que la répartition de la majorité des dépôts analysés sont parallèle au segment SRQP, indiquant un transport des particules par saltation et suspension avec une énergie de courant moyenne à faible. Ce régime hydrique a transporté les éléments grossiers par saltation, et les particules fines en suspension vers d'autres endroits. Nous écartons la possibilité du transport marin (plage) à cause de l'absence de fossiles et de microfossiles au sein de ces dépôts.

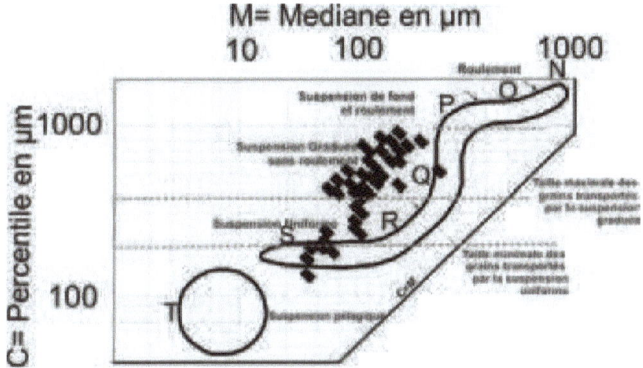

Figure 29*: Répartition des échantillons suivant le diagramme de Passega (1957)*.*

* ***RS** : dépôts de suspension uniforme (pas de classement, vitesse faible). **QR** : Transport en suspension graduée résultant de la turbulence de l'eau et dépôt lorsque la charge dépasse la capacité de transport. **PQ** : dépôts de sédiments transportés par roulement et suspension. **OP** : dépôts comportant de plus en plus de grains roulés sur le fond (courants assez rapides). **NO** : accumulation de grains roulés uniquement, les grains en suspension étant entrainés. **T** : dépôts de décantation total.*

II.A.3. Interprétation morphoscopique et exoscopique :

L'analyse des grains de quartz en morphoscopie et exoscopie a montré que les climats dominants pendant la formation des dépôts sont :

Ensembles inférieur et médian : les grains de quartz ont été transportés par voie fluviatile et éolienne sous un climat subaride à la base et chaud et humide au sommet de chaque ensemble, durant cette période, l'eau piégée dans les dépressions devient très concentrée en silice et du fait de l'évaporation (température importante), les précipitations siliceuses de différentes formes se mettent en place (cristaux dispersés, globules). Les formes de grains dominants sont les émoussés luisants, les grains anguleux présentent des arêtes lissées par un transport fluviatile. Les traces de chocs sont très réduites ou absentes à cause de la dissolution qui a suivi le dépôt, les formes de dissolutions révèlent une phase de pédogénèse. La cimentation est un témoin de diagenèse précoce ou de précipitation des carbonates pendant les phases de sècheresse, la palygorskite révèle une cuvette topographique (milieu lacustre) et un climat chaud et humide à aride (Chamley 1989).

Ensemble supérieur : les grains dominants sont les subarrondis, issus d'un héritage éolien. Les traces de chocs, sont claires, en coups d'ongle, croissants et en V, ce qui révèle une énergie de transport moyenne à faible. La dissolution des grains de quartz est très réduite par rapport aux ensembles inférieur et médian, indiquant une zone de transition entre la zone saturée et sèche, dans des conditions climatiques subarides à la base devenant chaudes et humides au sommet.

II.A.4. Interprétation micromorphologique et minéralogique :

L'analyse des lames de micromorphologie nous a permis non seulement de décrire la texture de la formation, mais aussi de faire une description pétrographique, en détaillant la composition minéralogique et les différents processus qui ont affectés ces dépôts.

D'après cette analyse, nous distinguons que les grains sont liés légèrement par un ciment calcaire sparitique équigranulaire (tous les cristaux sont visibles au microscope et ont la même taille). Les grains sont en grande partie quartzeux (plus 98 %), accompagnés de quelques grains de feldspaths (environ 2 %), le ciment calcitique varie en fonction de la série. D'autres minéraux sont présents : minéraux opaques et lourds, minuscules grains de gypse.

Dans la série supérieure, les grains subarrondis à arrondis enveloppés par un ciment calcaire dominent au sommet, et leur proportion diminue en descendant jusqu'au niveau G, là où on rencontre des litages ou stratification entrecroisé éolienne, la couleur paraît claire à cause des concentrations élevées en carbonate et en gypse. La couleur rubéfiée (rougeâtre) et claire dans les unités de base de chaque ensemble. Cette couleur est le produit d'une altération intense des roches mères, où l'on rencontre les grains de quartz altérés et entourés par une pellicule d'oxydes de fer (hématite).

Les dépôts semblent avoir une cimentation due aux différents liants présents dans les eaux chargées en carbonates et sulfates (Zeddouri & hadj said 2011).
D'après Blank & Fosberg. (1990) et Khokhlova et al. (2001), ces traits calcitiques se forment généralement dans un environnement peu aride. Dans cette étude, on suggère donc de les considérer comme des reliques d'un paléoclimat plus humide.
Rognon et al. (1987) attribuent l'origine des nodules calciques à l'évaporation des eaux après percolation des limons, ce qui indique un climat chaud et humide. Cependant,

Yaalon et Wieder (1976) ; Fedoroff et Courty (1987), admettent que la forme nodulaire indique un transport hydrique.

Dans le cas de notre région d'étude, les pédoreliques calcaires sont la conséquence d'une désagrégation mécanique des (roches carbonatées) nodules, déjà préexistants, des plaines et dunes environnantes, le tout étant entraîné par voie éolienne et déposé sous forme de poussières, transportées par la suite par des eaux liées aux crues de l'oued Zegrir.

Ensuite, ces nodules ont subi une percolation intense, consécutive à une saison des pluies forte et abondante, accompagnée d'une dissolution des carbonates. Puis, après saturation de la solution du sol par les ions Ca^{2+}, vient une période sèche qui a permis l'évaporation des eaux et la formation des traits calcitiques (Gile et al. 1966 ; Fedoroff et Courty., 1985 ; Fedoroff et Courty., 1987). Ces résultats sont également confirmés par les travaux de Hamdi-Aissa (2001), Hamdi-Aissa et al. (2004), Youcef (2006), qui ont admis que l'alternance de phases d'érosion éolienne et hydrique provoque l'enfouissement de ces nodules dans un matériau sableux.

La faible proportion en nodules calcitiques dans les couches inférieures peut être expliquée par une baisse des précipitations, qui ralentit le processus de dissolution-recristallisation et limite la formation des nodules calciques. Cette hypothèse est confirmée par Khormali et al. (2006).

Les traits ferrugineux sont de composition et de formes variées ; ils sont constitués de goethite, d'hématite. Sous forme de revêtements ou nodules (Courty et al. 1987). Le climat chaud et humide conduit à une libération modérée en fer (Brady et Weil, 2002).

L'analyse minéralogique aux rayons x, la séparation des minéraux lourds, l'identification sous microscope polarisant et réfléchissant révèlent la dominance du quartz, qui représente le principal élément composant ces dépôts. Les minéraux secondaires, calcite, gypse et oxydes de fer, sont des produits d'altération dans des conditions climatiques moins arides par rapport à l'actuel. La concentration importante de la palygorskite par rapport aux autres minéraux argileux est le témoin d'un climat subaride et chaud et humide. Les minéraux lourds identifiés proviennent de l'altération de roches métamorphiques et /ou magmatiques.

B. La Coupe de Ouargla

II.B.1. Interprétation séquentielle :

La formation mio-pliocène de Ouargla repose en discordance sur les argiles marneuses violacées de l'Éocène supérieur, des caractéristiques identiques à celle de Guerrara. Nous rencontrons sous les grès miocènes des argiles sableuses brunâtres de 60 mètres d'épaisseur, rencontrées dans les forages hydrauliques à 120 mètres de profondeur. Cette discordance angulaire est la base de corrélation (principale limite) qui coïncide avec le cycle de Vail (1977).

Sur le plan tectonique, les traces de la tectonique néogène et les variations eustatiques se manifestent sur site par :

Les failles : elles ont une orientation NNE-SSO et NE-SO.

Les discordances : elles se manifestent à l'échelle locale et régionale

Plusieurs discordances d'origine tectonique ou eustatique ont été enregistrées et sont corrélables sur l'ensemble du bassin. (Chebbah 2007).

D0 : Discordance angulaire régionale engendrée par des phénomènes d'ordre tectonique (ou cartographique) régionale, elle met en contact la séquence du Miocène supérieur avec son substratum Eocène et correspond à la régression vindobonienne (Miocène).

D1 : Discordance locale (progressive), elle sépare l'ensemble inférieur et moyen du Miocène supérieur.

D2 : Discordance régionale (ravinement), entre les dépôts gréseux peu consolidés miocène et les dépôts pliocènes.

D3 : Discordance locale (progressive), elle sépare le pliocène inférieur et supérieur.

D4 : Discordance régionale (ravinement), elle sépare le Pliocène du Quaternaire.

Le découpage de la série Néogène (Mio-pliocène) s'est fait suivant la méthode de Delfaud (1974 et 1984), ceci nous a permis de diviser les principaux cycles (Vail et al. 1987) présents dans notre région en trois séquences de troisième ordre ou cycles sédimento-pédogénétiques P1, P2 (MS II) et P3 (MS III), caractérisés par des alternances gréseuses et des calcrètes. Les trois ensembles sont séparés par les unités à calcrète marquant les phases de variation du niveau statique de l'oued M'ya. Ces cycles sédimento-pédogénétiques correspondent aux éléments (unités) gréseuses de l'ensemble inférieur, médian et supérieur détritique avec calcrètes.

- La MS II du Miocène supérieur (Messinien) : est une séquence rétrogradante, d'une épaisseur de 50 m, caractérisée par des grès, niveaux carbonatés et gypseux, formée de 7 paraséquences.

- La MS IIIb du Pliocène inférieur : cette séquence progradante d'une épaisseur de 12 m est formée de trois paraséquences, de sables et de limons rougeâtres meubles qui deviennent entrecroisés au sommet. Cette séquence est rencontrée dans de vastes étendue des deux rives de la vallée de l'Oued M'ya.

- La MS IIIa du Pliocène supérieur : d'une épaisseur de 5 m, elle est formée de trois paraséquences rétrogradantes, constituée de blocs, graviers, et cailloux emballés dans des sables roses à rougeâtres (conglomérats). Elle se termine par des croûtes calcaires et gypseuses, (Fig. 30). On observe, dans les trois ensembles, une succession de trois séquences élémentaires comportant chacune plusieurs unités lithologiques gréseuses à cimentation et consolidation variées.

Après cet épisode exclusivement détritique, typiquement éolien repris par un régime fluviatile, on note la diminution progressive du matériel terrigène grossier et le développement de calcrètes. L'étude microfaciologique (micromorphologique) de certains de ces encroûtements permet d'envisager leur formation lors d'un processus cyclique (épigénèse) causé soit par les fluctuations des nappes phréatiques entre zone saturée et vadose, soit aussi dans le cas d'un climat chaud et humide ou les deux en même temps.

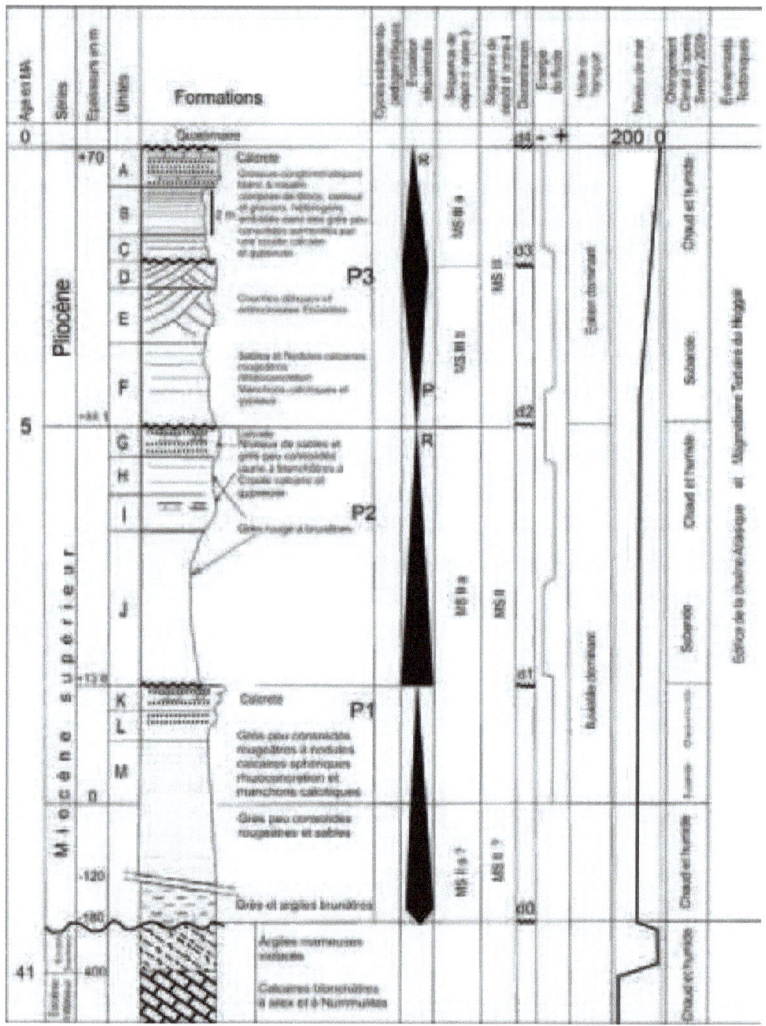

Figure 30: *Analyse séquentielle de la formation mio-pliocène de Ouargla.*

II.B.2. Interprétation sédimentologique :

Sur la base du diagramme de Freidman (1961), nous constatons qu'un régime fluviatile a mis en place ces sédiments et a duré jusqu'à la fin du Mio-Pliocène. La répartition des indices sédimentologiques des différents échantillons illustre l'influence de l'agent hydrique (cours d'eau) dominant avec une influence d'un deuxième agent de transport qui est éolien (Fig.31).

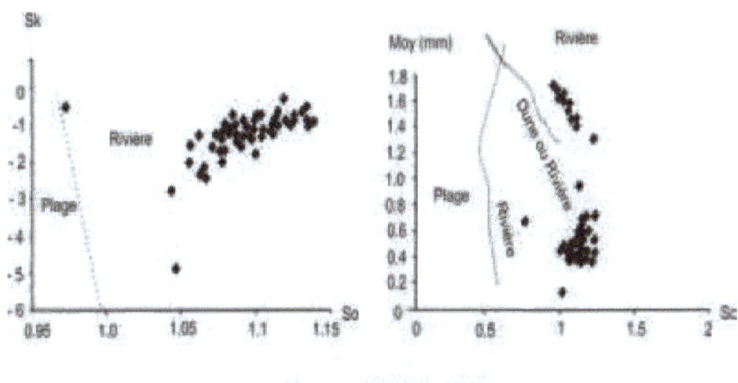

Figure 31: *Milieu de dépôts selon le diagramme de Friedman (1961).*

Après analyse des répartitions des indices sur le diagramme bi-logarithmique de (Passega, 1957), le centile supérieur (C) en fonction de la médiane (M) (Fig. 32), nous constatons que la répartition de la majorité des dépôts se trouvent proche du segment RP, indiquant un régime mixte avec un agent hydrique dominant, de moyen à fort énergie, et qui a transporté les éléments grossiers (sables) par roulement sur le fond, entrainant les particules fines en saltation et en suspension vers d'autres endroits distales. Nous écartons la possibilité du transport marin (plage) à cause de l'absence de fossiles et microfossiles au sein de ces dépôts.

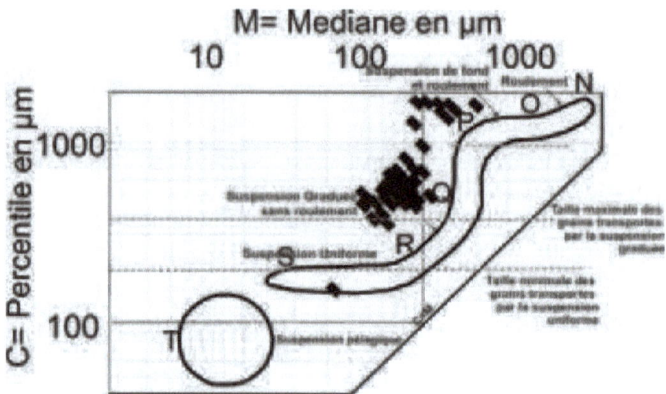

Figure 32: *Répartition des échantillons suivant le diagramme de Passega (1957)*.*

* RS : dépôts de suspension uniforme (pas de classement, vitesse faible). QR : Transport en suspension graduée résultant de la turbulence de l'eau et dépôt lorsque la charge dépasse la capacité de transport. PQ : dépôts de sédiments transportés par roulement et suspension. OP : dépôts comportant de plus en plus de grains roulés sur le fond (courants assez rapides). NO : accumulation de grains roulés uniquement, les grains en suspension étant entraînés. T : dépôts de décantation total.

II.B.3. Interprétation morphoscopique et exoscopique :

Cette interprétation ressemble à celle de la coupe de Guerrara, en effet, les mêmes périodes climatiques correspondent aux différents ensembles.

-Ensembles inférieur et médian : le climat subaride à la base et chaud et humide au sommet de chaque ensemble a régné durant le dépôt de ces niveaux. Les grains dominants sont les émoussés luisants, les grains anguleux présentent des arêtes lissées par un transport fluviatile. Les traces de chocs sont très réduites ou absentes, à cause de la dissolution qui a suivi le dépôt, les formes de dissolution révèlent une phase de pédogenèse. La cimentation est un témoin de circulation des eaux chargées en carbonates, la palygorskite se formerait dans les périodes d'aridification et représenterait un marqueur d'un climat chaud et aride (Chamley 1989), et aussi dans un milieu en cuvette (lacustre) qui a marqué cette phase de dépôt. Les grains de quartz ont été transportés par voie fluviatile et éolienne, l'eau piégée dans les dépressions devient très concentrée en silice et du fait de l'évaporation (température importante), les

111

précipitations siliceuses de différentes formes se mettent en place (cristaux dispersés, globules).

-Ensemble supérieur : caractérisé par un climat subaride à la base et chaud et humide au sommet, comme en témoignent les grains dominants subarrondis, issus d'un héritage éolien. Les traces de chocs sont claires, en coups d'ongle, en croissants et en V, ce qui révèle une énergie de transport moyenne à forte. La dissolution est très réduite par rapport aux ensembles inférieur et médian.

II.B.4. Interprétation micromorphologique et minéralogique :

L'analyse microscopique des lames de micromorphologie nous a permis de définir les différentes proportions minéralogiques. Le quartz domine (taux supérieur à 98 %). On observe des feldspaths, qui sont l'héritage de l'érosion des formations magmatiques anciennes et on note la présence d'autres minéraux lourds. *Ce qui confirme les mesures de PH effectuées sur les dépôts (pH>7.4).*

L'aspect rougeâtre des dépôts est probablement dû à l'altération des formations anciennes durant le dépôt ou le transport ou à une pédogénèse, ce qui a donné des éléments fins et des oxydes de fer enveloppant les grains de quartz.

Nous observons que la texture grossière des sédiments est homogène du point de vue minéralogique (quartz), la proportion des carbonates et du gypse varie en fonction de la série. Le niveau supérieur est le plus remarquable par sa concentration en carbonates et en sulfates, ce qui lui donne une couleur claire par rapport aux autres unités. Le sens de dépôts des oxydes de fer et des argiles révèle une circulation des eaux dans la zone saturées du haut vers le bas (Nezli., 2009).

Le ciment calcaire sparitique équigranulaire, remarquable dans les niveaux A, B et K, devient très réduit dans les autres unités. Les dépôts éoliens à litages ou stratification entrecroisée du niveau D semblent avoir un litage légèrement consolidé par des carbonates en périodes humides (pluies), où se produit une dissolution des grains carbonatés transportés par voie éolienne.

De même que pour la coupe de Guerrara, les échantillons de Ouargla révèlent la même composition minéralogique, une dominance des quartz, une couleur rubéfiée due aux oxydes de fer (hématite). La fraction fine analysée par rayons x montre aussi la dominance de la palygorskite, minéral ubiquiste des milieux arides. Les minéraux lourds sont beaucoup plus nombreux par rapport à Guerrara et cela est dû probablement à l'ampleur importante de l'Oued M'ya comparativement à ses affluents les Oued Zegrir et Z'gag. De plus, le centre de la dépression du bassin sédimentaire se trouve à proximité de Ouargla (lieu d'accumulation).

II.C. Conclusion

La cuvette du bassin sédimentaire de l'Oued M'ya s'est formée par un serrage du socle du Hoggar au sud d'une part et d'autre part par le contre coups de l'orogénèse de l'Atlas Saharien lors du cycle alpin, ce qui a provoqué la surélévation des formations crétacées du môle du Mzab. (Aliev 1972) Une érosion aquatique et éolienne de ces formations a ensuite mis en place les dépôts mio-pliocènes dans le bas Sahara et dans d'autres points du Sahara en dépression. (Furon 1960).

Trois cycles sédimento-pédogénétiques caractérisent les formations affleurantes du Mio-Pliocène dans chacune des deux régions étudiées, ces cycles sont caractérisés par des grès peu consolidés alternés avec les niveaux à calcrètes, marquant les différents ensembles. Une étude de terrain a permis de déterminer l'agent de transport éolien, par contre, l'agent aquatique est révélé par une confirmation avec d'autres analyses telles que la morphoscopie, l'exoscopie, la micromorphologie. Suivant les représentations graphiques des différents paramètres sédimentologiques, deux agents de transport synchronisés (eau et vent) ont mis en place ces dépôts. La présence de grains émoussés luisants et des arrondis mats, est le premier indicateur de ces deux agents de transports, ce qui est confirmé par les observations exoscopiques des grains de quartz. La présence nette de la palygorskite est un très bon indicateur des milieux lacustres à climat aride et chaud et humide. Les concentrations carbonatés et gypseuses et mêmes les oxydes de fer, sont le produit de phases chaudes et humides, qui ont joué le rôle de cimentation des grains transportés en donnant l'aspect semi-induré et parfois induré aux sédiments (bancs gréseux).

La diagenèse a débuté, car les vides ne sont pas totalement cimentés par la sparite, les oxydes de fer ou les argiles se trouvant dans tous les côtés des grains, ce qui indique un remaniement de ces grains. C'est donc l'héritage d'un ancien dépôt, il y a eu resédimentation. Le cortège des minéraux lourds révèle l'origine des dépôts, qui proviennent de l'altération du socle.

Chapitre III

Corrélation entre les deux coupe de Guerrara et Ouargla

Chapitre III Corrélation entre les deux coupes de Guerrara et Ouargla

III.1. Introduction :

La corrélation a pour objet de ressortir les points communs et les différences, entre les deux coupes étudiées et ainsi avoir une idée élargie du contexte géologique du bas Sahara.

III.2. Figures syn-sédimentaires affectant les formations mio-pliocènes :

Les rides de courant (Ripple marks) qu'on rencontre surtout dans l'ensemble de base de la région de Guerrara ont une forme asymétrique et sont recouvertes d'un film d'argile. La hauteur H entre les lignes de crêtes et de creux est de 3 à 5 cm, les longueurs d'onde L entre deux crêtes successives est de 15 à 20 cm soit un indice de la ride moyen (IR=L/H) égale à 4.

III.3. Modification post-dépôt affectant les sables (grès) du Mio-Pliocène

Les principales caractéristiques texturales et minéralogiques des grès étudiés (ou sables avant leur pré-consolidation et leur cimentation) sont souvent modifiées par des changements post-dépôt. Il s'agit notamment d'un remaniement physique par les processus de surface suivant : bioturbation, compactage, érosion, pédogenèse, cimentation et formation des profils de sols. En profondeur, le mouvement latéral de particules et d'ions est dû au déplacement des eaux souterraines ou de subsurface, cimentation dans la zone vadose, formation des rhizoconcrétions, cimentation dans la zone de remontée capillaire, cimentation dans la zone phréatique et dissolution interastral (interstitielle) dans la zone phréatique (Pye 1983f).

La nature et l'importance relative des différentes modifications post-dépôt sont régies principalement par:

- le taux d'accumulation initiale et la composition minéralogique des sables,
- les conditions climatiques du site de dépôt,
- les changements hydrologiques et géochimiques rencontrés lors de l'enterrement et le soulèvement.

III.3.1. Dénudations par la pluie et lavage de surface

Les grains fins libérés par l'impact des gouttes de pluie vont cimenter les grosses particules suite à plusieurs cycles de mouillages et de séchage (effet Splash).

III.3.2.La compaction près de la surface

La plupart des dépôts gréseux ont des porosités initiales allant de 30 à 50%, en fonction de la distribution de la taille, du tri, de la forme, de l'emballage et de l'agencement des grains à l'état lâche (non cimenté) ; et inférieur à 15% dans les grès semi-indurés (présence d'un ciment). Après le dépôt, le réajustement des grains peut être induit par des chocs, comme des tremblements de terre en zone sismique, la pression de surcharge ou par la saturation en humidité et l'altération sélective (différentielle) des minéraux instables conduisant à la porosité. Les pressions de surcharge dans l'environnement proche de la surface sont relativement faibles par rapport à celles enregistrées au cours de l'enfouissement profond, mais peuvent néanmoins être suffisantes pour provoquer une rotation du grain, glissant, et la déformation plastique des constituants tendres. Les grains très anguleux ou très fragiles peuvent également éprouver la rupture des points de contact intergranulaire. Les particules produites, de la taille des limons et des argiles peuvent alors migrer dans les espaces interstitiels entre les grains plus gros.

III.3.3.Ajout de composants allochtones

Les sédiments allochtones peuvent être introduits dans le sable par le dépôt de poussières, par le ruissellement des eaux pluviales, la migration latérale des eaux souterraines ou par la végétation des dunes (Lutz 1941, Olson 1958c, Yaalon et Ganor 1973, Sidhu 1977, Walker 1979, Danin et Yaalon 1982).

III.3.4.L'altération et pédogenèse des grès et sables siliceux

III.3.4.a-Le lessivage des sels solubles et des carbonates

Les sables silicoclastiques fraîchement déposés sont principalement composés de quartz avec de petites quantités de feldspaths, des minéraux lourds, des fragments de carbonate et des sels solubles. Dans les régions humides, le lessivage des sels s'effectue très rapidement. Dans les régions arides, des quantités importantes de sels dans l'air peuvent également s'accumuler dans les couches proches de la surface. Les sels peuvent être introduits à la fois comme espèces dissoutes sous la pluie ou le brouillard et sous forme de particules solides (Schroeder 1985). Une fois déposés, les sels ont des susceptibilités différentes à la lixiviation, avec $Cl^- > SO_4^{2-} > HCO_3^-$ (Yaalon 1964).

III.3.4.b-L'altération chimique des silicates et des oxydes

Le degré de stabilité thermodynamique des minéraux varient sous la surface de la terre, ils peuvent se décomposer pour former des produits plus stables. Les silicates ayant peu de liaisons Si-O, comme les pyroxènes et les amphiboles, se décomposent beaucoup plus rapidement que les minéraux avec un nombre relativement important de liaisons Si-O, comme le quartz (Loughnan 1969, Carroll 1970). Les taux réels de réactions de décomposition des minéraux sont contrôlés par une série de facteurs environnementaux, y compris la chimie de l'eau interstitielle, la taille des particules, la température et la vitesse à laquelle les produits d'altération sont retirés du système (McClelland 1950, Berner, 1978). Dans des conditions très arides, le taux d'altération près de la surface est lent, car les deux réactions d'hydrolyse et de rinçage des produits d'altération des grains de surfaces sont limitées par la disponibilité de l'humidité. Avec la disponibilité croissante d'humidité, l'hydrolyse est plus rapide et plus efficace pour la lixiviation.

III.3.4.c-Les Minéraux lourds

Des expériences menées par Williams & Yaalon (1977) en utilisant des « colonnes Soxhlet » ont démontré que le lessivage des sables à l'eau chaude et froide sous des conditions de drainage libre est capable de provoquer des altérations significatives de certains minéraux lourds (principalement la hornblende) dans un délai de 3 mois. La lixiviation entraîne des changements notables dans la texture de surface et la perte de Na, Ca, Mg, K, et des ions Al en solution. Le fer libéré par le lessivage précipite dans la colonne de sédiments en tant que revêtement mince d'oxyde sur les grains de quartz.

Les feldspaths et le grenat ont été détruits par les eaux météoriques pour former de l'hématite authigène, de la kaolinite et de l'illite (Gardner 1981, 1983a). Les pyroxènes et les amphiboles étaient initialement présents, mais seulement à faibles concentrations.

III.3.4.c1-Les feldspaths

Leur abondance diminue progressivement à mesure de la maturation du sédiment (Thompson & Bowman, 1984). Le feldspath est un constituant rare dans beaucoup de formations détritiques du bas Sahara qui ont connu de longues périodes d'altération et de resédimentation (Pye 1983g).

III.3.4.c2- Quartz

Un certain nombre d'études ont montré que, bien que le quartz soit un minéral relativement résistant aux altérations, certaines variétés sont sujettes à se briser pendant l'altération post-dépositionelle.

L'examen de grains altérés au MEB montre que la désintégration des grains a lieu par dissolution (desquamation ou formes géométriques) de silice dans les fractures et les zones de faiblesses cristallographiques naissantes telles que les chaînes d'inclusions fluides. Bien que la solubilité de quartz dans l'eau pure soit faible à pH <9 (Morey et al. 1962, Siever 1962, Iler 1979), elle est augmentée de manière significative par la présence d'acides organiques (Waals 1967, Crook 1968). À l'heure actuelle cependant, la relation entre la dissolution de la silice et la propagation des fissures dans les grains de quartz naturels n'est pas entièrement comprise.

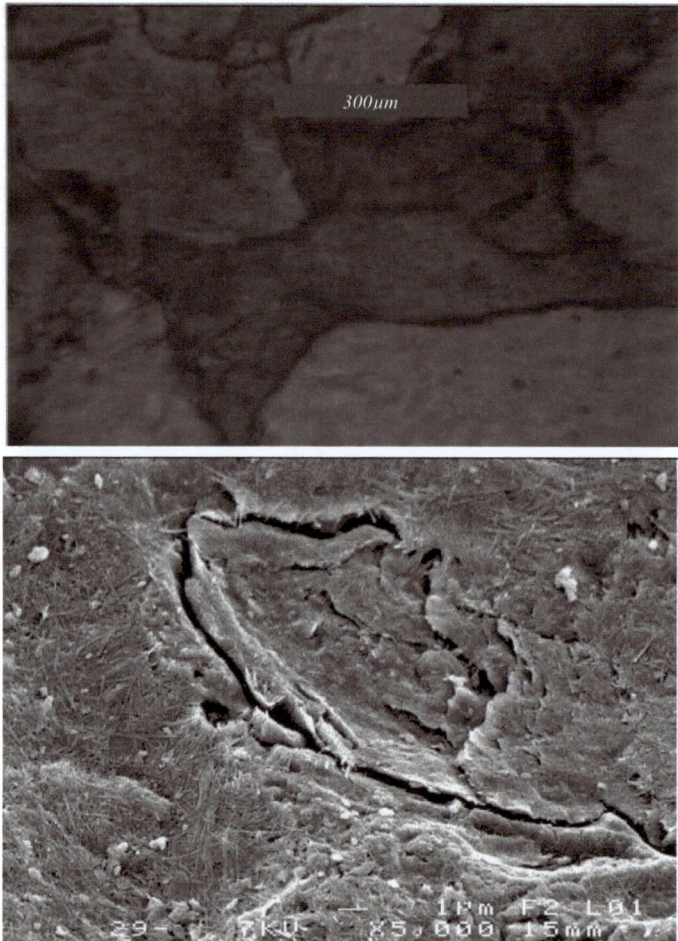

Photo 13*: (13a) Grain de quartz enveloppé par des oxydes de fer une gangue (Hématite) sous microscope polarisant et M.E.B (13b). Il présente aussi une desquamation avancée (dissolution) (Ensemble supérieur, unité F Guerrara).*

Troisième partie :
Chapitre III :
                    Discussions des résultats
                 Corrélation entre les deux coupes

III.3.4.d-Les processus d'altération physiques

Les études expérimentales de laboratoire ont montré que la cristallisation, l'hydratation et la dilatation thermique des cristaux de sel peut provoquer la désintégration mécanique (haloclastie) des particules sableuses dans des conditions simulées de désert chaud (Goudie et al. 1979, Pye & Sperling, 1983). Les grains de feldspath et de mica sont plus sensibles au sel que les grains de quartz, apparemment en raison de leur clivage mieux développé. Le sulfate de sodium, le sulfate de magnésium, le carbonate de sodium, le chlorure de calcium et les sels sont les plus destructeurs (Goudie et al. 1970, 1974 Goudie, 1985). La halite et le gypse, qui sont les deux sels les plus communs trouvés dans la nature, sont relativement moins destructeurs mais toujours efficaces. La haloclastie est un processus potentiellement important affectant les sables du désert dans la zone de la montée des eaux souterraines capillaires.

III.3.4.e-L'altération chimique et rougissement des sables dunaires silicoclastiques

Les grès et sables rougeâtres sont largement présents dans les deux milieux côtiers et continentaux. L'origine de la coloration rouge et sa signification paléoenvironnementale a été largement discutée par Norris (1969), Folk (1976b), Walker (1979), et Gardner & Pye (1981). La couleur rougeâtre est clairement héritée des sédiments ou des roches mères rouges (Anton & Ince, 1986). Dans le même temps, les oxydes de fer peuvent se former par modification chimique des minéraux ferrifères détritiques ou par modification de poussières infiltrées (Walker 1976, 1979). Cependant, Gardner & Pye (1981) ont fait remarquer que le degré de rougeur qui peut être atteint au cours du transport est limité par l'abrasion (Anton & Ince 1986) et Wasson (1983a). Un rougissement est possible dans des conditions arides, mais il est beaucoup plus rapide dans les sables déstabilisés dans des conditions semi-arides et humides. Les grès rubéfiés ont probablement connu une pédogénèse (Gardner & Pye 1981).

Troisième partie :
Chapitre III :
Discussions des résultats
Corrélation entre les deux coupes

Photo 14: *Rubéfaction des formations mio-pliocènes (du continental terminal) en haut (14a) à Ouargla, en les comparants avec les formations albiennes (grès et conglomérats) du continental intercalaire de Reggane en bas (14b).*

III.3.4.f-Revêtements de silice sur les graviers et cailloux siliceux

Ce phénomène touche la fraction grossière (graviers et cailloux) se trouvant en couverture sous forme de reg. Folk (1978) a observé une texture «grasse» de surface en raison de la présence d'un riche revêtement de surface en silice. Il a suggéré que ce revêtement, qu'il a qualifié de «couche de silice à peau de tortue», s'est formé par la dissolution des phytolithes d'opale par la rosée alcaline et la précipitation de silice amorphe sur les surfaces des grains de quartz. La dissolution de la silice sur la surface des grains de quartz se produit également dans les profils de sols où les acides organiques sont abondants (Crook 1968, Cleary & Conolly, 1971).

III.3.5.Formation de carbonate éolianites

III.3.5.a-Définition et présence des éolianites, unité D et E

Le terme éolianite a été utilisé à l'origine par Sayles (1931) pour décrire «toutes les roches sédimentaires qui résultent de dépôts éoliens», avec litage et dont la cimentation est lié à la rosée. Par la suite, la plupart des chercheurs ont limité le terme pour décrire uniquement des sables éoliens cimentés par de la calcite diagénétique précoce. Certains géologues anglophones ont utilisé le terme calcarénite éolienne, de préférence à éolianite (Milnes & Ludbrook 1986). Les autres termes qui ont été utilisés sont kurkar (Palestine), grès dunaire (Afrique du Nord), miliolite (Inde, Golfe Persique), les dunes calcaires, éoliennes et dunes roche (Australie).

Les éolianites varient considérablement dans la composition et la texture. Un lit peut être entièrement constitué de grains silicoclastiques cimentés par de la calcite, alors qu'un autre peut être composé entièrement de carbonate de calcium. Une majorité des éolianites contient à la fois des grains carbonatées et d'autres non carbonatées. Fairbridge & Johnson (1978) font une distinction arbitraire entre éolianite quartzeuze(<50% de $CaCO_3$) et éolianite carbonatée (> 50% de $CaCO_3$) [Planche Photos 13].

III.3.5.b-Contrôles de la cimentation carbonatée des éolianites

L'ampleur, la répartition verticale et la composition du ciment carbonaté reflète l'abondance et la composition des grains de carbonate dans les sédiments, la quantité de l'eau qui passe à travers la colonne de sable et l'effet de la végétation sur le régime hydrique du sol.

III.3.5.b1-Effets de la minéralogie des carbonates

Les grains de carbonate des éolianites sont principalement composés d'aragonite ; de calcite à haute teneur en Mg (> 5 moles en % $MgCO_3$), la calcite à basse teneur en Mg, ou d'un mélange de ces minéraux. Tous les minéraux de carbonate de calcium subissent une dissolution lorsqu'ils sont exposés à l'eau dans l'environnement diagénétique météorique (Planche Photos 13).

III.3.5.b2-Effets des précipitations et d'évaporation

Le climat a un effet important sur la diagenèse des éolianites puisqu'il contrôle la disponibilité de l'eau météorique et donc l'intensité et la vitesse d'altération des minéraux carbonaté. Par temps chaud et aride, la pénétration de l'eau dans la colonne de sable dunaire est limitée, et l'altération des minéraux dans la zone vadose est extrêmement lente. Dans les minces horizons proches de la surface, une calcrète peut se développer, mais la plupart des sédiments dans la zone vadose peuvent rester en grande partie inchangés.

III.3.5.b3-Effets de la végétation

La précipitation du ciment carbonaté dans la zone vadose est améliorée par l'élimination de l'humidité du sous-sol par évapo-transpiration. Pendant les périodes de déficit hydrique net, l'eau du sous-sol est renvoyée dans l'atmosphère par les racines des plantes et les feuilles. Tous les ions dissous qui ne sont pas absorbés par les plantes sont ensuite précipités tout autour des racines (dans le sol), si bien que l'humidité résiduelle du sol devient sursaturée en ions.

Le scellement est souvent particulièrement marqué autour des racines et des traces fossiles qui contiennent de la matière organique (Planche Photos 13). Plusieurs noms différents ont été utilisés pour décrire les structures profondes cimentées, y compris rhizoconcrétions (Kindle 1923), pédotubules (Brewer 1964), rhizolithes (Klappa 1980, Loope 1985b), rhizocrétions (Steinen 1974, Esteban 1976), dikaka (Glennie et Evamy 1968) et rhizoïdes (James & Choquette, 1984). D'autres auteurs (Klappa 1980) ont soutenu que les rhizolithes peuvent également se former autour de racines vivantes.

III.3.5.c-Horizons à calcrètes

Plusieurs types de calcrète se forment dans les dépôts détritiques. Les calcrètes ont une origine pédogénétique (Read 1974, Klappa 1978, 1980, Warren 1983, Beier, 1987). Elles comprennent de minces croûtes superficielles, en continu, discontinu sous-sol, des calcrètes nodulaires, rhizolithes, des couches de pisoïdes, des calcrètes laminaires, des horizons micritisés ; des calcrètes bréchiques et des cuirasses massives à horizons de calcrète.

D'après Semeniuk & Meagher (1981), les calcrètes se produisent à la fois comme des rhizoconcrétions pédogenetiques dans la zone vadose et comme une feuille (jusqu'à 0,5 m d'épaisseur, avec un profil constitué de structures tachetées, massives et laminaires). (Fig.33, Planche Photos 14).

Eolianites Unités D et E

Doline (Karstification) unité A

Rhizoconcrétions unités E et F

Erosion différentielle Ensemble supérieur

Planches photos 13 : *Figures post-sédimentaires affectant les formations mio-pliocènes.*

10 cm

Croûte calcaire en haut et nodules calcaire en bas

10 cm

Niveau de grès jaunâtre à calcrète

Blocs et galets carbonatés Unités A, B, et C

Croûtes et cailloux calcaires dolomitisés

Planches photos 14: *Différents types de calcrètes rencontrés dans les formations mio-pliocènes.*

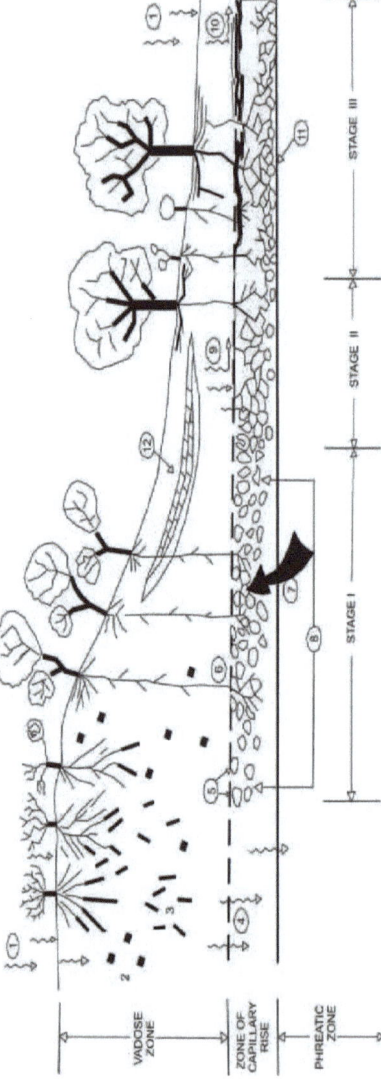

Figure 33: *Formation des diverses formes structurelles de calcrète, et les étapes de leur développement. (D'après Semeniuk & Meagher 1981).*

(1) les eaux météoriques dissolvent le carbonate de calcium de surface et le transportent dans le profil. (2) l'eau reste dans la zone vadose à s'évaporer, laissant des plaques de calcite sous forme de cristaux clairs ou marbrures calcrète. (3) les racines de bruyère et plantes du maquis absorbe l'eau pelliculaire dans la zone vadose, tandis que la calcite précipite autour des racines sous forme de rhizoconcretions. (4) l'excès d'eau météorique gravite vers la nappe phréatique ; (5) l'évaporation dans la zone d'ascension capillaire laisse un précipité de calcite interstitielle dans le sable parent qui se regroupe pour former des marbrures calcrète. (6) les plantes (phréatophytes) utilisent la calcite précipitée des eaux souterraines autour de leurs racines, d'abord comme marbrures calcrète ; (7) la nappe phréatique alimente en eau la végétation forestière pendant les mois d'été. (8) calcrète et marbrures vont progressivement fusionner pour former une feuille calcrète massive ; (9) une fois la feuille calcrète massive formée, la recharge verticale est entravée, et l'eau a tendance à s'écouler latéralement ou est localement accumulée. (10) un stade est atteint où une grande partie de l'eau de percolation fulgurante ne pénètre pas la calcrète massive, et l'évaporation de l'eau perché forme une mince couche de calcrète laminaire. (11) les racines qui pénètrent la couche calcrète massif continuer à utiliser l'eau souterraine, et calcrète continue d'être précipité en dessous de la calcrète massive. (12) les horizons au-dessus de la zone phréatique principale peuvent localement développer une zone d'humidité perchée : et les feuilles calcrète peuvent se former au-dessus de la feuille principale.

III.3.5.d-karstification des éolianites

Le karst peut se développer près de la surface. Nous citons un exemple rencontré sur le plateau mio-pliocène (ensemble supérieur). Il s'agit des dolines (planche photos 13).

III.3.6.La cimentation diagénétique précoce par les minéraux évaporitique

Dans les environnements chauds du désert, une solution saline issue des lacs et des eaux souterraines s'évapore dans les dépressions basales, et peut être cimentée par des évaporites. Le scellement par la halite ou le gypse est le plus courant et se produit principalement dans la zone de frange capillaire. Les couches de sable de surface des dunes du désert sont souvent cimentées par des croûtes de sel minces après évaporation de l'eau de pluie, de pulvérisation, de rosée ou du brouillard qui contient des sels dissous.

III.4. Corrélation séquentielle :

Le découpage séquentiel de la série Néogène est proposé conformément aux corrélations faites par Chebbah (2007) sur l'Atlas Saharien. Nous limitons la base de la série par la discordance principale (d0) (Éocène-Miocène supérieur) et la discordance Miocène supérieur-Éocène (d3). Cette série se subdivise en Miocène supérieur MSII et Pliocène MSIII. L'absence des étages du Miocène inférieur et moyen est probablement liée à la régression vindobonienne. Les épaisseurs se réduisent en allant vers l'extérieur du bassin sédimentaire de l'Oued M'ya. Les niveaux argileux présents en dessous des grès au centre du bassin (Ouargla) appartiennent probablement au Miocène moyen, qui affleure au nord de Ouargla (Touggourt et El Oued) [Figure 34].

III.5. Corrélation sédimentologique :

Les ensembles paraissent semblables du point de vue des faciès, mais la concentration des carbonates, la présence de litage ou stratification entrecroisée et les épaisseurs des ensembles et la consistance les différencient entre eux.

Pour cette raison, l'épaisseur des unités est beaucoup plus importante à Guerrara qu'à Ouargla. L'Oued est l'élément essentiel qui a apporté la majorité de ces dépôts et provoqué le creusement du relief actuel (bords). Le tableau 11 montre une comparaison entre les deux sites Guerrara et Ouargla.

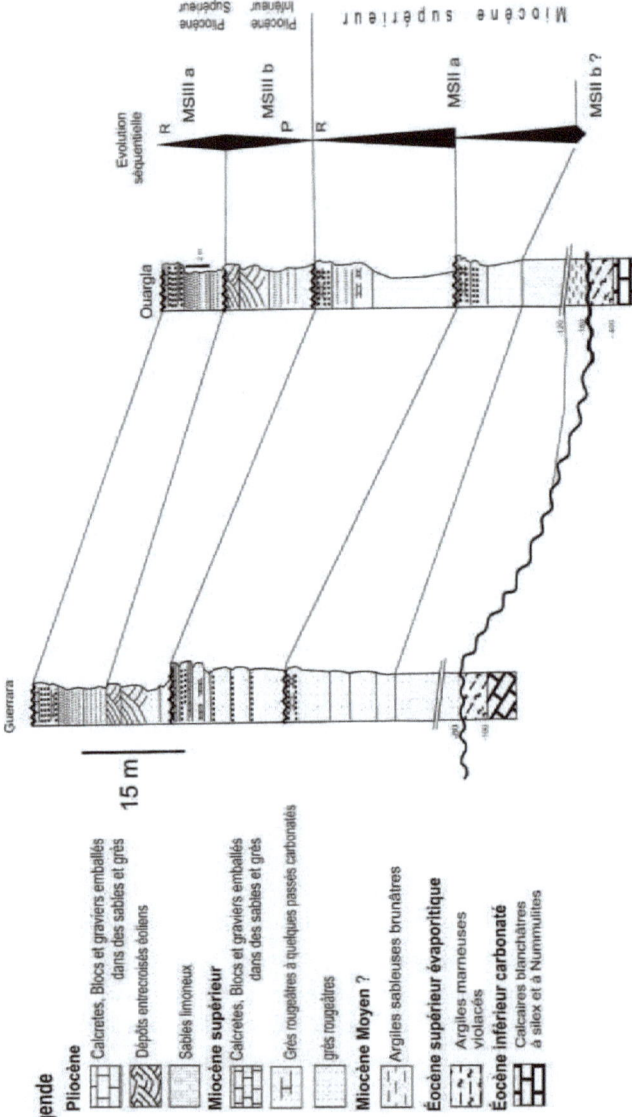

Légende

Pliocène

Calcrètes, Blocs et graviers emballés
dans des sables et grès

Dépôts entrecroisés éoliens

Sables limoneux

Miocène supérieur

Calcrètes, Blocs et graviers emballés
dans des sables et grès

Grès rougeâtres à quelques passées carbonatés

grès rougeâtres

Miocène Moyen ?

Argiles sableuses brunâtres

Eocène supérieur évaporitique

Argiles marneuses
violacées

Eocène inférieur carbonaté

Calcaires blanchâtres
à silex et à Nummulites

Figure 34: *Corrélations des séquences de 3 ^{ème} ordre du Néogène dans le bassin de l'Oued M'ya (coupes de Guerrara et Ouargla).*

Tableau 11: *Figures sédimentaires et post-sédimentaires dans les différents ensembles.*

Coupe de Guerrara	Coupe de Ouargla
Ensemble gréseux conglomératique supérieur (A.B.C.D.E.F.G) **Pliocène**	**Ensemble gréseux conglomératique supérieur** (A.B.C.D.E.F) **Pliocène**
Blocs calcaires hétérogènes emballés dans des sables Croûte calcaire et gypseuse Nodules calcaires Litages ou stratification entre croisée Rhizoconcrétion Manchons calcitiques et gypseux	Galets et blocs hétérogènes emballés dans des sables Croûte calcaire et gypseuse Nodules calcaires Litages ou stratification entre croisée Rhizoconcrétion Manchons calcitiques et gypseux Érosion différentielle
Ensemble gréseux carbonatés médian (H.I.J.K.L.M.N) **Miocène supérieur**	**Ensemble gréseux carbonatés médian** (G.H.I.J) **Miocène supérieur**
Dalles gréseuses durcies Croûte calcaire et gypseuse Nodules calcaires Rides de courant fluviatiles Érosion différentielle Écaillage des surfaces des bancs.	Croûte calcaire et gypseuse Graviers et Galets
Ensemble gréseux inférieur (de base) (O.P.Q.R)	**Ensemble gréseux inférieur (de base)** (K.L.M)
Nodules calcaires sphériques	Graviers et Galets carbonatés allongés

III.5.1. La teneur en fraction grossière :

A Guerrara l'ensemble de base est pauvre en élément grossier, seulement l'unité O qui sépare l'ensemble médian et de base comprend des graviers et granules (souvent de forme sphérique ou subsphérique). Ces graviers semblent avoir été transportés par un courant fluviatile.

Dans la coupe de Ouargla, l'unité K, qui sépare les deux ensembles (base et médian), elle comporte des graviers et galets de forme allongée, dont la composition chimique est en majorité carbonatée.

Dans l'ensemble médian : à Ouargla, cet ensemble se termine au sommet par deux unités sableuses jaunâtres caractéristiques, par contre à Guerrara il se termine par un banc gréseux à ciment carbonaté contournant la ville de Guerrara du côté Nord et Est.

Au sommet : l'ensemble supérieur est semblable du point de vue de sa structure et de sa composition granulométrique. Les dépôts sont meubles et comportent des formes entrecroisées distinctes, des manchons de calcite et de gypse. Cet ensemble commence par des unités meubles et se termine par une augmentation de nodules calcaires, graviers et parfois blocs.

III.5.2. La fraction fine :

En comparent les paramètres sédimentologiques obtenus par les essais granulométriques et sédimentométriques, nous constatons que dans la majorité des ensembles, le faciès est sableux, le mode est limité entre 350 μm et 1200 μm, la moyenne est comprise entre 300 μm et 900 μm, ce qui révèle que l'énergie du courant de dépôt est forte à moyenne dans le niveau supérieur et faible dans les niveaux médian et de base. L'indice de classement (So) est de l'ordre de 1.1, indiquant que les grains sont très bien classés. Le coefficient d'asymétrie est négatif dans tous les ensembles, indiquant un classement meilleur du côté des particules grossières. D'après l'indice d'acuité, les courbes de toute la série sont leptokurtiques à composition homogène. Les différents paramètres sont reportés dans le tableau 12.

Tableau 12*: Corrélation entre les paramètres sédimentologiques des coupes de Guerrara et Ouargla.*

Coupe de Guerrara	Coupe de Ouargla
Ensemble Supérieur (A.B.C.D.E.F.G)	Ensemble Supérieur (A.B.C.D.E.F)
Mode 1000 μm ; Moyenne 75 μm So 1.13 ; SK -1.5 ; Ku 2.2 Faciès sableux	Mode 900 μm ; Moyenne 800 μm So 1.06 ; SK -1.7 ; Ku 2.5 Faciès sableux
Ensemble Médian (H.I.J.K.L.M.N)	Ensemble Médian (G.H.I.J)
Mode 1200 μm ; Moyenne 900 μm So 1.1 ; SK -1.0 ; Ku 2.2 Faciès sableux	Mode 550 μm ; Moyenne 450 μm So 1.1 ; SK -1.1 ; Ku 1.4 Faciès sableux
Ensemble de Base (O.P.Q.R)	Ensemble de Base (K.L.M)
Mode 350 μm ; Moyenne 300 μm So 1.06 ; SK -1.0 ; Ku 1 Faciès sableux	Mode 500 μm ; Moyenne 430 μm So 1.1 ; SK -0.9 ; Ku 0.75 Faciès sableux

III.6. Corrélation Morphoscopique, exoscopique et Micromorphologique :

Les grains de quartz dominants sont les ronds mats dans l'ensemble supérieur et les émoussés luisants dans les ensembles médian et de base. Le taux des ronds mats varie de 45 à 55 % dans le niveau supérieur à 20 % dans les autres ensembles, ce qui révèle que le régime éolien domine seulement dans la partie supérieure, même s'il n'est pas absent dans les autres ensembles. L'influence fluviatile y est en revanche beaucoup plus importante avec un taux moyen de 55 % d'émoussées luisants. Les grains non usés sont le produit d'une désagrégation mécanique (entrechoquement pendant le transport).

Les grains de quartz analysés par microscope électronique révèlent deux agents de transport caractérisant ces dépôts ; dans le premier stade (ensemble inférieur et médian), les grains sont en grande partie émoussés luisant caractérisant les phases d'accumulations en présence d'un cours d'eau de faible énergie dans une zone d'accumulation (fluvio-lacustre), bien que les traces de chocs soient lissées et parfois effacées à cause des variations des niveaux statiques en zone vadose, favorisée par une circulation des eaux et l'apparition des desquamations et formes géométriques de dissolutions. Les grains ronds mats sont rares, et les traces de chocs ne sont pas bien fraîches, ce qui révèle que ces grains ont été repris par un deuxième agent de transport (aquatique). Les pellicules de silice se trouvant sur les grains éolianisés ou repris par le vent sont le résultat de l'assèchement progressive de la zone vadose et l'augmentation du taux de la silice en suspension ce qui a permis une percolation de la silice sur les surface protégés des quartz. Dans la partie asséchée de l'ensemble supérieur, les traces de chocs mécaniques sont le résultat d'un agent éolien, car peu de trace de dissolution ou de desquamations sont observables sur ces grains. Ces formes réduites de dissolution ou de desquamations sont dues aux eaux météoriques stagnantes en période chaude et humide. Le phénomène de diagenèse est remarquable dans les ensembles inférieur et médian, par contre il est faible dans l'ensemble supérieur. La présence de ciment sparitique entre les grains est beaucoup plus importante dans l'ensemble supérieur que dans les autres ensembles, indiquant que les grains de ces deux ensembles ont subi une compaction (grains resserrés les uns des autres), ce qui est n'est pas le cas pour l'ensemble supérieur (structure un peu lâche).

La présence de la Palygorskite révèle une topographie en cuvette (milieu endoréique fluvio-lacustre), sous un climat chaud et humide.

L'analyse micromorphologique des deux coupes montre une ressemblance du point de vue de la disposition des grains (texture grenue). Les grains de quartz remaniés dominent et sont cimentés par un ciment sparitique equigranulaire. La cimentation est très importante dans les niveaux supérieurs A et B et aussi dans les niveaux qui surmontent chaque ensemble H, O à Guerrara et G, K à Ouargla.

Certains minéraux opaques (oxydes de fer) sont présents, ainsi que quelques minéraux lourds tels le zircon. Les oxydes de fer se présentent sous forme de gangue, enveloppant les grains de quartz sur différents côtés, ce qui indique un remaniement des grains pendant le dépôt. Ces oxydes sont hérités d'une phase de sédimentation ancienne.

III.7. Corrélation minéralogique :

L'observation microscopique et minéralogique révèle les minéraux primaires suivants

- quartz dominant,
- calcite, qui se manifeste sous forme de remplissage (ciment sparitique),
- rares feldspaths,
- oxydes de fer opaques, présents sous forme de grains et de gangue autour des grains de quartz.

L'étude des minéraux secondaires (argileux), par diffraction aux rayons x de la fraction fine (<40 µm), montre que la palygorskite est le minéral argileux essentiel, présent dans tous les échantillons analysés.

Les autres minéraux argileux présents sont la kaolinite, l'illite, la smectite et la chlorite, mais avec des proportions faibles. La halloysite et la Valuevite se trouventt tout autour des grains de quartz (minéraux révélés par leurs pics proches de celui du quartz).

L'analyse des minéraux lourds par séparation en liqueur dense révèle des concentrations plus importantes à Ouargla qu'à Guerrara du point de vue qualitatif et quantitatif, du fait de l'envergure de l'Oued M'ya qui reçoit les affluents de différents Oueds (N'ssa, Z'gag et Mzab).

III.7.1 Genèse et origine par héritage et altération

Les minéraux argileux résultant de la destruction des roches peuvent, soit rester sur place (argiles résiduelles, ex: argiles à silex, argiles de décalcification), soit être transporté sur de longues distances (ex: argiles des fonds océaniques).

En fonction des roches mères et du climat, les minéraux argileux résultant sont différents. En climat froid, l'altération est faible, les minéraux argileux sont identiques ou peu différents des minéraux de la roche mère (illite et chlorite), ils sont hérités de la roche d'origine. En climat chaud et humide, l'hydrolyse est poussée, la kaolinite se forme en milieu drainé, les smectites en milieu confiné. En climat tempéré, humide, l'altération est modérée, il apparaît des interstratifiés, des illites et des chlorites dégradées, de la vermiculite.

III.7.2 Genèse et origine par néoformations en milieux confinés

Les argiles fibreuses (palygorskite) se forment dans des croûtes calcaires, dans des zones à climat à saison sèche marquée, dans des milieux évaporitiques sursalés: néoformation de sépiolite par concentration des ions par évaporation (milieu lacustre).

Certains minéraux argileux se forment en dehors des sols à partir des ions en solution (néoformation).

III.7.3 Genèse et origine par transformations des minéraux argileux

Les minéraux néoformés ou hérités peuvent évoluer pour prendre un nouveau statut en équilibre avec le nouveau milieu. On distingue les transformations par dégradation (soustraction d'ions) et par agradation (par fixation d'ions supplémentaires). Ces transformations ont lieu aussi bien au cours de l'altération que de la diagénèse.

Ex.: Kaolinite -----> Chlorite et halloysite.

Smectites ------> Illite

III.7.4 Genèse et origine en relation avec le climat, roche mère et topographie :

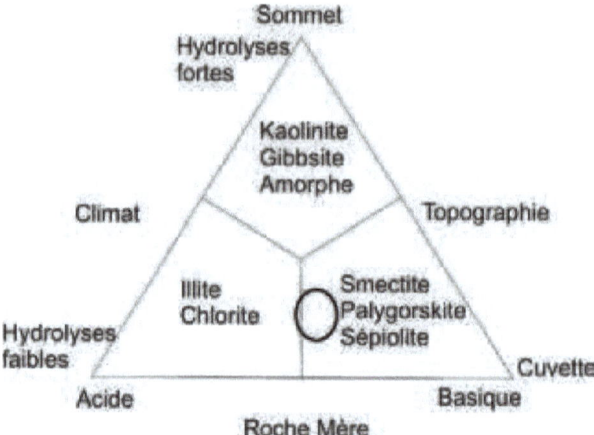

Figure 35: *Position des minéraux argileux selon le diagramme de Beauchamp, 2002.*

Selon le climat, l'origine des minéraux est variable:

* héritage: à partir de la roche-mère

* transformation: à partir d'autres minéraux argileux

* néoformation: formés à partir des ions transportés par l'eau du sol.

La nature de la roche-mère joue un rôle:

* l'altération d'une roche acide, comme le granite, donne plutôt de la kaolinite

* l'altération d'une roche basique, comme le basalte, donne plutôt des smectites.

La topographie, qui commande le drainage, intervient également:

* sur une pente, où le drainage et le lessivage sont bons, la formation de kaolinite est favorisée.

* dans une cuvette, milieu confiné où se concentrent les solutions, se forment plutôt des smectites (Figures 35 et 36).

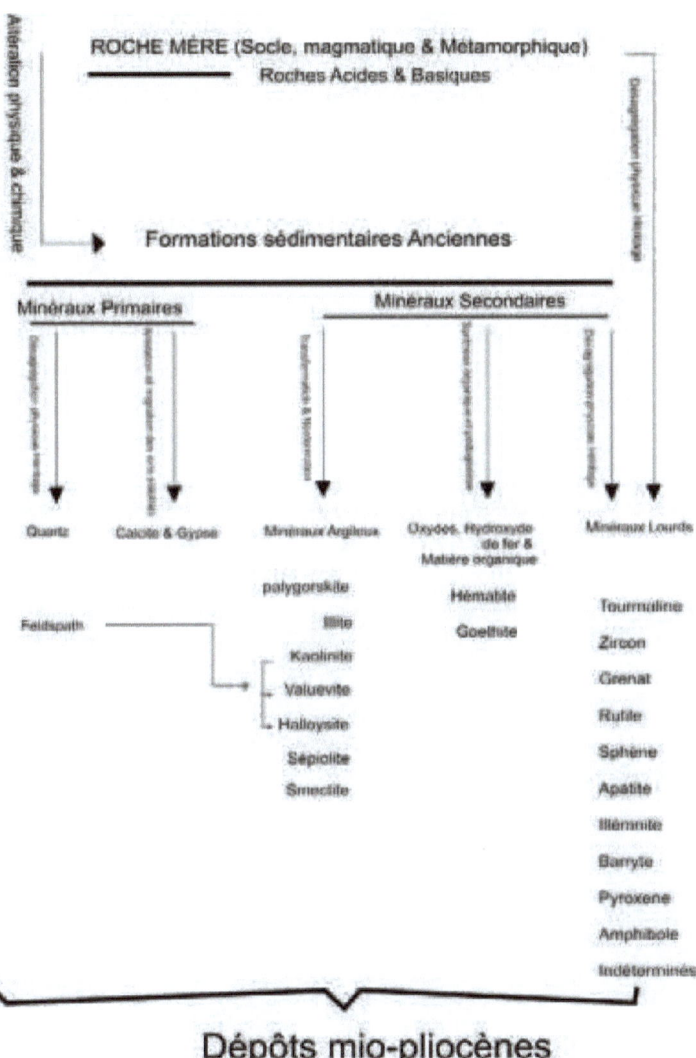

Figure 36: *Genèse des minéraux composant les formations mio-pliocènes.*

135

III.8. Reconstitution paléogéographique :

La chaine atlasique a joué un rôle d'obstacle pour le passage des dépôts détritiques transportés par voie fluviatile du sud vers le nord, en les dirigeant vers le centre du fossé aurasien et en donnant à la formation mio-pliocène une épaisseur maximale. Le môle du M'zab a aussi divisé ces dépôts, transportés sur les deux flancs de la plateforme saharienne à Est (Bas Sahara) et à l'Ouest et Sud-Ouest. Des environnements continentaux se sont installés durant le Miocène supérieur et le Pliocène après la régression vindobonienne, qui a érodé le Miocène moyen et surtout inférieur. La paléogéographie correspondait alors à une cuvette topographique créée à la suite de la subsidence du bassin sédimentaire de l'Oued M'ya et la surélévation de l'Atlas Saharien et du môle du M'zab. Ces réajustements tectoniques favorisent le confinement du milieu. Après cette période de confinement (dépôt des argiles gypseuses - cas de Ouargla : à la base de la série, se produit le comblement progressif par les matériaux détritiques dans un milieu à faible pente.

La formation des niveaux de calcrètes intercalés avec les phases de dépôts gréseux révèle l'alternance de phases climatiques subarides et chaudes et humides. Les figures synsédimentaires et post-sédimentaires témoignent du régime et du mode de transport dominant dans chaque phase de dépôts. Les matériaux transportés et déposés par voie fluviatile et éolienne se déposent dans une cuvette topographique. Au Pliocène, les dépôts se font au-dessus des niveaux statiques des oueds ou des lacs par voie éolienne. Le niveau de calcrètes qui caractérise cette phase est lié à la précipitation des eaux pluviales et à l'évaporation rapide sous des températures élevées. Les phases d'érosion (incision) de la formation mio-pliocène coïncident avec les abaissements des niveaux statiques des Oueds vers leur niveau actuel (Figure 37).

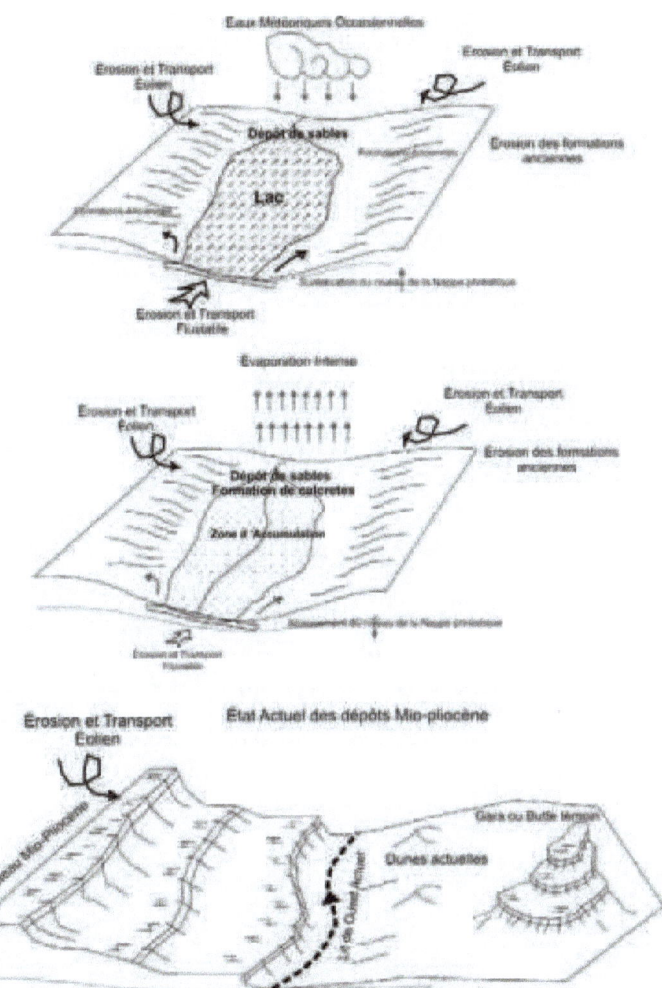

Figure 37: *Evolution paléogéographique des formations mio-pliocènes.*

III.9. Conclusion

La corrélation entre les coupes de Guerrara et Ouargla réalisées dans les formations mio-pliocènes du bas Sahara nous laisse constater des points de ressemblances, sur l'aspect de la structure et de la composition minéralogique. Le comblement du bassin de l'Oued M'ya s'est effectué en plusieurs phases ou cycles sédimento-pédogénétiques. Le découpage de cette série en séquences sédimentaires coïncide avec le cycle de Vail (régression vindobonienne) et limite la série étudiée du Miocène supérieur MS II au Pliocène MS III. De nombreuses figures sédimentaires et post-sédimentaires ont affecté ces formations. Notons la présence d'éolianites, de gangues (autour des grains de quartz, parfois même dissous), de rhizoconcrétions et de calcrètes qui sont de bons indices de phase pédogénétique.

Les coupes sont également proches du point de vue du contexte géologique et environnemental de la région, avec des épaisseurs faibles à l'ouest du bassin et qui augmentent en allant vers le centre du bassin de l'Oued M'ya. Les formations gardent l'empreinte des mêmes périodes de transport et de dépôt, sans oublier que la présence des bords en gradin est le témoin d'une incision provoquée par une altération hydrique.

Ces dépôts ont aussi une composition minéralogique semblable, à dominance quartzeuse. La calcite et le gypse sont produits sur place sous des conditions de haute température et d'évaporation. La palygorskite et un indicateur commun du climat chaud et humide et d'une topographie en cuvette. La halloysite et la valuevite indiquent l'altération des feldspaths, qui sont présents en très faible proportion. Les minéraux lourds révèlent l'origine ancienne de ces dépôts (provenance du socle). Les observations morphoscopique, micromorphologique et même exoscopique indiquent des régimes de transport semblables (aquatique et éolien). Les surfaces des grains de quartz sont le principal témoin de l'agent de transport et du milieu de dépôt. La couleur rubéfiée caractérise tous les ensembles de la formation mio-pliocène et les niveaux à calcrètes (encroutements calcaires et gypseux) sont considérés comme des indicateurs de milieux chaud et humide.

Ces constatations nous permettent de déduire que la région du bas Sahara a subi trois cycles sedimento-pédogénetiques (MS II est représenté par les cycles P1 et P2 et MS III par le cycle P3), avec une alternance de climat subaride, à la base de chaque ensemble et chaud et humide au sommet.

138

Conclusion générale

Conclusion générale

Les formations gréseuses du Mio-Pliocène de la région de Guerrara et de Ouargla, s'étalent en périphérie des deux villes, formant de nombreux bords et garas, sillonnés par les anciens écoulements d'Oueds. Ces derniers prennent naissance dans le piedmont des chaînes montagneuses, dans l'Atlas Saharien, dans la dorsale du Mzab, dans le Hoggar. Actuellement, la région se caractérise par un climat saharien, avec un hiver tempéré et un été chaud.

La région se situe dans un contexte géologique sédimentaire, avec des roches d'âge mésozoïque, cénozoïque et quaternaire. Les formations mio-pliocènes ont pour origine vraisemblable l'altération des massifs du socle et des formations sédimentaires anciennes (paléozoïques et mésozoïques). Cette altération est liée à l'orogénèse alpine, qui a provoqué la formation de la chaine atlasique et de la dorsale du Mzab, les accumulations se poursuivant jusqu'à l'actuel, en donnant des 'mers' de sable (Ergs).

Selon les données de forages, ces accumulations mio-pliocènes reposent en discordance sur l'Éocène évaporitique riche en faune benthique et atteignent de très grandes épaisseurs au pied de l'Atlas Saharien (sédiments piégés dans le fossé d'avant Atlas). Les épaisseurs sont faibles en revanche au sud et vers l'ouest du bassin de l'Oued M'ya. L'édification de l'Atlas Saharien à la fin du Tertiaire est probablement en relation avec le développement du régime fluviatile du nord vers le sud après l'abaissement des niveaux statiques (nappes libres) des oueds. Les formations mio-pliocènes se sont mises en place non seulement par l'intermédiaire d'un régime aquatique, mais aussi simultanément sous l'effet du vent (dépôt éolien).

L'étude sédimentologique et paléoenvirenmentale des formations détritiques du bas Sahara (Mio-Pliocène) exige de passer par la reconnaissance du site à étudier, le choix des zones de prélèvements, puis la description des formations.

Une multitude d'essais de laboratoire a été réalisée afin de confirmer les descriptions faites sur site. Nous avons établi la granulométrie,

L'analyse séquentielle de la formation montre certaines discontinuités identiques semblables à celles du cycle de Vail (régression vindobonnienne), au contact avec les formations éocènes, dans les limites Miocène-Pliocène et Pliocène-Quaternaire. Le Miocène supérieur gréseux à la base est indiqué par la séquence MSII et le Pliocène gréseux conglomératique par la MSIII. Les discontinuités entre ces séquences sont le résultat de phases tectoniques et aussi les variations eustatiques.

Si on tient compte de la description lithologique ainsi que des modifications ayant affectées ces formations pendant et après le dépôt, trois cycles sédimento-pédogénétiques sont observés. Ils marquent des stades répétitifs (cyclothèmes), mais avec des alternances de conditions climatiques. Les trois cycles sédimento-pédogénétiques correspondent aux trois ensembles étudiés dans la formation affleurante du Mio-Pliocène, qui ont un faciès gréseux en général peu consolidé. Des niveaux indurés et des calcrètes (croûtes et nodules calcaires et gypseux) marquent l'évolution climatique de la région. Les résultats des analyses révèlent un facies sableux (quartzeux) peu cimenté avec de la calcite, provenant des eaux des nappes ou probablement des oueds. Ces dépôts sont homogènes du point de vue de leur composition minéralogique, avec des quartz dominants par rapport aux autres minéraux. Les descriptions morphoscopique et exoscopique ont montré que les grains ont des formes variables, les ronds mats et les grains émoussés luisants se retrouvant dans tous les ensembles, mais avec des proportions différentes. En effet, les ronds mats dominent dans la partie supérieure et les émoussés luisants dans les parties médiane et de base. L'analyse de la fraction fine et argileuse révèle la dominance de la palygorskite par rapport aux autres minéraux argileux présents en très faible proportion, ce minéral caractérise les climats sub-arides et chauds et humides. L'identification des minéraux lourds montre la concentration importante en oxyde de fer (hématite), d'où la couleur rubéfiée de ces formations. Certains minéraux, comme la tourmaline, le zircon, le grenat ont pour origine probable une altération du socle.

En conclusion, ces dépôts ont subi un transport à la fois aquatique et éolien, de moyenne à forte énergie et dans des conditions climatiques sub-arides se terminant par des phases chaudes et humides. Suivant les ensembles étudiés ou les cycles sédimento-pédogénétiques, la région a connu trois phases alternées entre climat sub-aride et chaud et humide, permettant le développement des calcrètes. L'état actuel de la formation mio-pliocène a été obtenu, suite à plusieurs phases d'altération (incision) ayant entaillé le relief.

Références bibliographiques

Références Bibliographiques

Abdeljaoued.S., 1987 :
Sur l'âge paléocène supérieur-miocène des dépôts continentaux a calcrètes ou dolocrètes de la formation Bou-Loufa en Tunisie méridionale ; conséquences paléogéographiques. Bulletin de la Societe Geologique de France, November 1987 (8) t, III, n°4 777-781

Abdeljaoued.S., 1989 :
Dolomitisations et calcitisations succesives dans l'éocène détritique continental de la Tunisie méridionale. Alternance d'épigénie par diagénèse de nappe et d'altérations météoriques. Bulletin de la Societe Geologique de France, 1989 (8) t, V, n°4 837-847.

Aliev, M., 1972 :
Structures géologiques et perspectives en pétrole et en gaz au Sahara algérien. (Tome 1) SONATRACH -ALGER, 275p.

Alloul, B. (1981) :
Etude géologique et géotechnique des tufs calcaires et gypseux de l'Algérie en vue de leur valorisation routière. Document p ?

Anton, D., & Ince, F., 1986:
A study of sand color and maturity in Saudi Arabia. Z. Geomorph.N.F. 30, 339–356.

Barry, J.P. & Faurel L., 1973:
Notice de la feuille de Ghardaïa : Carte de la végétation de l'Algérie au 1/500.000. Mém. Soc. Hist. Nat. Afr. N. 11, 125 p.

Beier, J. A., 1987:
Petrographic and geochemical analysis of caliche profiles in a Bahamian Pleistocene dune. Sedimentology 34, 991–998.

Bel .F., et Cuche. D. (1969) :
Mise au point des connaissances sur la nappe du Complexe Terminal ; ERESS ; Ouargla. Algérie. 3 fig., 17 planches, 20p.

Bel. F., et Cuche. D. (1970) :
Etude des nappes du Complexe Terminal du bas Sahara. Données géologiques et hydrogéologiques pour la construction du modèle mathématique. DHW., Ouargla.

Bel, F. et Dermagne F., 1966 :
Etude géologique du Continental terminal. Dossier de la Direction de l'énergie et des Carburants (Ministère de l'Industrie et de l'Energie). Alger, 22p, 24 pl.

Bensalah. M., 1989 :
L'Éocène continental d'Algérie. Importance de la tectogénèse dans la mise en place des sédiments et des processus d'épigénie dans leur transformation. Thèse Doct., Lyon, no 86-89, 147, p.

Bensalah M, 1991:
Analyse tectono-sédimentaire de la série continentale Eocène du Djebel El-Kohol, près de Brézina (revers sud de l'Atlas saharien) Algérie, ACTA GEOLOGICA HISPANICA, V. 26 (1991), 119-4, phgs, 151 – 158.

Berggren, W.A et al 1974:
The late Neogene ; biostratigraphy, geochnology and paleoclimatology of the last 15 million years in marin and continental sequences. Paleogeogr. Paleoclimatol. Paleoecol. 16(1-2):1-216.

Berner, R. A., 1978:
Rate control of mineral dissolution under earth surface conditions. Am. J. Sci. 278, 1235–1251.

Blank, R.R. & Fosberg M.A., 1990:
Micromorphology and classification of pedogenic calcium carbonate accumulations that surround or occur on the undersides of coarse fragments in Idaho (USA). In: Douglas, L.A. (Ed.), Soil Micromorpholoy: a Basic and Applied Science, Development in Soil Science, vol. 19. Elsevier, Amsterdam, p 341–346.

Belmedrek Sonia 2006 :
Granulométrie et minéraux lourds des sables dunaires de plage des secteurs de Oued Zhour et de Béni Bélaid (Jijel, Algérie nord orientale). Mémoire de Magister en géologie Option : Géologie des substances utiles. Université Mentouri Constantine. 115p.

Beucher Francoise., 1975 :
Etude palynologique de formation néogène et quaternaires au sahara nord-occidental. Edition du centre national de la reherche scientifique France. 285p.

Beuf, S., Biju-Duval B., De Charpal D., Rognon R. et Bennacef A., 1971 :
Les grès du Paléozoïque inférieur au Sahara. Sédimentation et discontinuité : évolution structurale d'un craton. Institut Français du Pétrole. Collection Sciences et Techniques du Pétrole, 18, Eds Technip. Paris, 464 p.

Bolle, M.P., Adatte T., Keller G., Vonsalis K. & Burns S., 1999:
The Paleocene-Eocene climatic evolution in the Tethyan realm: Tethys (Tunisia): climatic and environmental fluations, Bull.Soc.géol. France 170 661-680.

Brady N.C. & Weil R.R., 2002:
The nature and properties of soils. 13 th ed. Pearson Education Inc., Upper Saddle River, NJ, U.S.A. 960 p.

Brewer, R., 1964:
Fabric and mineral analysis of soils. New York: Wiley.

Broche.J, Casanova.R, Loup.J., 1977 :
Atlas des minéraux en grains identification par photographies en couleurs, Graphicas Instar, S.A Spain 180p.

Busson, G., 1967 :
Le Mésozoïque saharien. 1ère partie : L'Extrême Sud-tunisien. Edit., Paris, « Centre Rech. Zones Arides », Géol., 8, 194 p. Ed. C.N.R.S.

Busson, G., 1970 :
Le Mésozoïque saharien. 2ème partie : Essai de synthèse des données des sondages algéro-tunisiens. Edit., Paris, « Centre Rech. Zones Arides », Géol., 11, 811p. Ed. C.N.R.S.

Busson, G., 1971 :
Principes, méthodes et résultats d'une étude stratigraphique du Mésozoïque saharien. Edit., Paris, 464p.

Cailleux, A. et Tricart J., 1963 :
Initiation à l'étude des sables et des galets. Centre de Documentation Universitaire, Paris, 56 tabl. 72 fig., index, 369 p.

Carroll, D., 1970:
Rock weathering. New York: Plenum.p?

Castany, G., 1982 :
Hydrogéologie, principes & méthodes. , Paris, éd. Dunod, 237p.

Chamley, 1989:
Clay sedimentology. Springer-Verlag 130p. N° de volume

Chebbah Mohamed., 2007 :
Lithostratigraphie, Sédimentologie et Modèles de Bassins des dépôts néogènes de la région de Biskra, de part et d'autre de l'Accident Sud Atlasique (Zibans, Algérie). Thèse de doctorat d'état en géologie sédimentaire, Université Mentouri Constantine 417p.

Cheilletz Alain & Al 1992 :
Géochimie et Géochronologie Rb-Sr, K-Ar, 40Ar-Ar39 des complexes granitiques Pan-africains de la région de Tamanrasset (Algérie) : Relation avec les minéralisations Sn-W associées et l'évolution tectonique du Hoggar central. Bull. soc. Géol. France, 1992, t. 163, n°6, 733-750.

Cleary, W. J., & Conolly, J. R., 1971:
Embayed quartz grains in soils and their significance. J. Sediment. Petrol. 42, 899–904.

Cornet, A., 1961 :
Initiation à l'hydrogéologie saharienne. Cours réonoté destiné aux officiers du cours préparatoire aux Affaires sahariennes. S.E.S. Birmandreis, Alger, 108p.

Crook, K. A. W., 1968:
Weathering and roundness of quartz sand rains. Sedimentology 11, 171–182.

C.E.Q., 2003 :
Détermination de la matière organique par incinération méthode de perte au feu (PAF). Centre d'expertise en analyse environnementale du Québec Édition : 2003, 9p.

Cornet, A., 1964 :
Introduction à l'hydrogéologie saharienne. Géog. Phys. et Géol.Dyn., vol. VI.fasc. 1,5-72.

Cornet, A., et Gouscov.N., 1952 :
Les eaux du Crétacé inférieur continental dans le Sahara algérien (nappe dite « albien »). In « La géologie et les problèmes de l'eau en Algerie » XIXème congrès géologique international T.II, 30p ou ?

Courty, M.A., Fedoroff N. & Guilloré P., 1987:
Micromorphologie des sédiments archéologiques. In : Géologie de la préhistoire : méthodes, techniques, applications : Association pour l'Etude de l'Environnement, Géo de la Préhistoire. Paris, p. 439-477.

Courty, M.A., 2001:
Microfacies analysis assisting archaeological stratigraphy. In: Goldberg, P., Holliday, V., Ferring, C.R. (Eds.), Earth Sciences and Archaeology. Kluwer Academic / Plenum Publishers, New York, pp. 205 and 237.

Coward, M.P. and Ries A.C., 2003:

Tectonic development of North African basins. In: Arthur T.-J., MacGregor D.S. and Cameron M.R. (Eds.), Petroleum Geology of Africa: New themes and developing technologies. Geol. Soc. London Spec. Publ., 207, 61-83.

Crook, K. A. W. 1968:

Weathering and roundness of quartz sand rains.Sedimentology11, 171–182.

Dalloni.M 1936:

Matériaux pour l'étude géologique du massif de l'Ouarsenis. I. esquisse générale vol 12. Publication du service de la carte géologique de l'Algérie. 10 fig.,1 carte h.-t.

Danin, A., & Yaalon, D. H., 1982:

Silt plus clay sedimentation and decalcification during plant succession in sands of the Mediterranean Coastal Plain. Isr. J. Earth Sci. 31, 101–109.

Delaune, M., 1988 :

Principales techniques de la sédimentologie appliquées aux formations quaternaires. Lab. des formations superficielles. O.R.S.T.O.M ; Paris, 68 p.

Delfaud. J. (1974) :

La sédimentation deltaïque ancienne. Exemples Nord sahariens.Bul. Cent. Rech. de Pau. 8, 1 p. 24-62.

Delfaud J. (1984) :

Le contexte dynamique de la sédimentation continentale. Modèlesd'organisation.

Devismes Pierre., 1978 :

Atlas photographique des minéraux d'alluvions, Mémoire de bureau de recherches géologiques et minièrs N°95-1978, 200p.

Dincer, T., Al-Mugrim, A., & Zimmerman, U., 1974:

Study of the infiltration and recharge through the sand dunes in arid zones with special reference to the stable isotopes and thermonuclear tritium. J. Hydrol. 23, 79–109.

Djidel, M., 2009:

Pollution minérale et organique des eaux de la nappe superficielle de la cuvette de Ouargla (Sahara septentrional, Algérie). Thèse de Doctorat, Univ Badji Mokhtar, Annaba, 165p.

Djili, B., 2004 :

Etude des sols alluviaux en zones arides cas de la daya d'El Amied (région de Guerrara), essai morphologique et analytique. Mémoire de magister. Université de Ouargla.

Dubief, J., 1953 :

Essai sur l'hydrologie superficielle au Sahara. S.E.S., Alger, 457p.

Dubief, J., 1963 :

Le climat du Sahara. Mém. Hors-série. Ins. Rech. Sahar., 2, 275p.

Duplaix, S., 1958. :

Détermination microscopique des minéraux des sables. Librairie Polytechnique CH. Béranger, Paris, 5 tabl., 69 fig. de minéraux, 96 p.

E.R.E.S.S., 1972 :

Etude de ressources en eau dans le Sahara septentrional. UNESCO Rapport final, annexe 7.Paris.

Fabre. J., 1976 :
> Introduction à la géologie du Sahara d'Algérie et des régions voisines. SNED, Alger, 421p.

Fairbridge, R. W., & Johnson, D. L., 1978:
> Eolianites. In R. W. Fairbridge & J. Bourgeois (Eds.). The Encyclopedia of Sedimentology. Stroudsberg: Dowden Hutchinson and Ross. (279–282)

Faure. H., 1962:
> Reconnaissance géologique des formations sédimentaires post-paléozoïques du Niger oriental. Mém. Bur. Rech. Géol. Min. (1966) 47,630 p.

Fedoroff, N. & Courty M.A., 1985:
> Micromorphology of recent and duried soils in a semi- arid region of northwestern India. Geoderma, 35, 287- 332.

Fedoroff, N. & Courty M., 1987:
> Paléosols. In ; Géologie de la préhistoire. J.C. Misckovsky (edt). Géopré, Paris, 251-280.

FitzPatrick, E.A., 1993:
> Soil Microscopy and Micromorphology. Wiley, New York. 304 pp. Folk R., 1959: Practical classification of limestones. Bull. Am. Assoc. Pet. Geol. 43, 1-38.

Folk R., 1965:
> Petrology of Sedimentary Rocks. Hemphill's, Austin, TX.

Folk, R., 1954:
> The Distinction between Grain Size and Mineral Composition in Sedimentary-Rock Nomenclature. The Journal of Geology Vol. 62, No. 4 (Jul. 1954), (article consists of 17 pages) published by: The University of Chicago Press. 344-359

Folk, R. L., 1976a:
> Rollers and ripples in sand, streams and sky: rhythmic alteration of transverse and longitudinal vortices in three orders. Sedimentology 23, 649–669.

Folk, R. L., 1976b:
> Reddening of desert sands: Simpson desert, Northern Territory, Australia. J. Sediment. Petrol. 46, 604–615.

Folk, R. L., 1978 :
> Angularity and silica coatings of Simpson Desert and grains, Northern Territory. J. Sediment. Petrol. 52, 93–101.

Folk, R. L., & Ward, W. C. 1957:
> Brazos River bar: a study in the significance of grain size parameters.J. Sediment. Petrol.27, 3–26.

Friedman, G.M., 1961:
> Distinction between Dune, Beach, and River sands from their textural characteristics. Journal of Sedimentary Petrology, v. 31/4, p. 514-529

Freytet.P 1973 :
> Édifices récifaux développés dans un environnement détritique: exemple des biostromes à hippurites (rudistes) du sénonien inférieur du sillon Languedocien (région de Narbonne, sud de la France), Elsevier Scientific Publishing Company, Amsterdam - Primed in The Netherlands Palaeogeography, Palaeoclimatology, Palaeoecology, 13: 65-76.

Furon, R., 1960 :
Géologie de l'Afrique. Paris Payot, 2eme édition, 400 pages

Gardner, R. A. M., 1981:
Reddening of dune sands – evidence from outheast India. Earth Surf. Proc. 6, 459–468.

Gardner, R. A. M., 1983a:
Reddening of tropical coastal dune sands. In R. C. L. Wilson (Ed.), Residual deposits. Oxford: Blackwell. (103–115)

Gardner, R. A. M., 1983b:
Aeolianite. In A. S. Goudie & K. Pye (Eds.), Chemical sediments and geomorphology. London: Academic Press. (265–300)

Gardner, R. A. M., & Pye, K., 1981:
Nature, origin and palaeoenvironmental significance of red coastal and desert dune sands. Prog. Phys. Geogr. 5, 514–534.

Gautier, M., Gouskov M. N., 1951 :
Le forage de Guerrara. Deuxième sondage d'étude et premier grand sondage d'exploitation de la nappe Albienne jaillissant dans le Bas-Sahara. Terre et Eaux. Alger, 38-42.

Gautier, Gouskov., 1951 :
Notice éxplicative des cartes géologique de l'Algérie du nord, 6 planches 1/500 000.

Gile, L.H., Peterson F.F. & Grossman R.B., 1966:
Morphological and genetic sequences of carbonate accumulation desert. Soil Sci.101, 347-360.

Goudie, A. S., 1970:
Notes on some major dune types in Southern Africa. S. Afr. Geogr. J. 52, 93–101.

Goudie, A. S., 1974:
Further experimental investigation of rock weathering by salt and other mechanical processes. Z. Geomorph. Suppl. Bd. 21, 1–12.

Goudie, A. S., Cooke, R. U., & Doornkamp, J. C., 1979:
The formation of silt from quartz dune sand by salt weathering processes in deserts. J. Arid Environ. 2, 105–112.

Goudie, A. S., Cooke, R. U., & Evans, I. 1970:
Experimental investigation of rock weathering by salts.Area4, 42–48.

Goudie, A. S. 1985:
Salt weathering.School Geogr., Oxford Univ., Res. Pap.(33).

Gouscov. N., 1952 :
Le problème hydrogéologique du bassin artésien de l'Oued Rhir. In « La géologie et les problèmes de l'eau en Algérie ». XIXème congrès géologique international T.II, 16p. ou ?

Glennie, K. W., & Evamy, B. D., 1968 :
Dikaka: plants and plant root structures associated with aeolian sand. Palaeogeogr. Palaeoclimatol. Palaeoecol. 23, 77–87.

Guilloré P., 1983 :
Méthode de fabrication mécanique et en série de lames minces. Dépt. Sols, Inst. Natl. Agron., P. Guilloré, 22 p.

Hacini, M., 2006 :

Géochimie et comportement des éléments en traces durant l'évaporation complète du lac éphémère du chott Merouane: Sud est Algérie. Thèse de doctorat en science Université d'Annaba. 177p.

Hamdi-Aïssa. B., 2001 :

Le fonctionnement actuel et passé de sols du Nord-Sahara (Cuvette de Ouargla). Approches micromorphologique, géochimique, minéralogique et organisation spatiale. Thèse Doctorat, Institut National Agronomique, Paris-Grignon, 283p

Hamdi-Aissa B., Djili B., Messen N., Hacini M., Gaouar A., Youcef-Ettoumi F. & Benzinah A., 2004 :

Application de l'approche paléopédologique pour la datation relative des événements paléoclimatiques. .In. CRSTRA, EUR-OPA & Université de Ouargla ed. Journée d'étude sur la datation des enregistrements climatiques en Afrique du nord et des événements hydrologiques et thermique, Ouargla. 40-42

Hadj-Abderrahmane., 1998 :

Etude hydrogéologique de la nappe phréatique de la cuvette d'Ouargla. Rapport interne ANRH, Ouargla, 65p.

Haq B.U., Hardenbold S., et Vail P. (1987) :

Mesozoic and Cenozoic chronostratigraphy and cycles of sea level change. SEPM, special pub. n° 42. 71–108

Havlicek, E., 1999 :

Sols des paturages boisés du Jura Suisse-Origine et typologie- Relations sol-végitation- Pédogenèse des brunisols- Evolution des humus- Vol. I. Inst. Bot. Univ. Neuchatel. 220p.

Iler, R. K., 1979:

The geochemistry of silica. New York: Wiley. Pages et ouvrage?

Holtzapffel Thierry., 1985 :

Les minéraux argileux : préparation, analyse diffractométrique et détermination, Société géologique du Nord, 1985 - 136 pages

I.N.C., 1960:

Carte topographique de Ouargla 1/250 000, Institut National de Cartographie.

Jaeger, J.J., 1975 :

Les rongeurs du Miocène moyen et supérieur de Magreb. Montpellier, Thèse en Science, fasc. 1, 164 pages.

James, N. P., & Choquette, P. W., 1984 :

Diagenesis 9 – Limestones – the meteoric diagenetic Environment. Geosci. Can. 11, 161–193.

Khokhlova, O.S., Sedov S.N., Golyeva A.A. & Khokhlov, A.A., 2001:

Evolution of Chenozems in the Northern Caucasus, Russia during the second half of the Holocene: carbonate status of Paleosols as a tool for paleoenvironmental reconstruction. Geoderma 104,115 – 133.

Khormali, F., Abtahi A. & Stoops G., 2006:

Micromorphology of calcitic features in highly calcareous soils of Fars Province, Southern Iran. Pages et ouvrage?

Klappa, C. F., 1978:

Biolithogenesis of Microdium: elucidation. Sedimentology 25, 489–522.

Klappa, C. F., 1980:
Rhizoliths in terrestrial carbonates: classiflcation, recognition, genesis and significance. Sedimentology 27, 613–629. (Kindle 1923),

Kouzmine, Y., 2003:
L'espace saharien algérien, dynamique démographiques et migratoires. Maîtrise de Géographie, Université de Franche-Comté. U.F.R Sciences du Langage, de l'Homme et de la Société, Institut de Géographie, Laboratoire THEMA. 208p. type de document ?

Legigan, Ph., 2002 :
Application de l'exoscopie des quartz à la reconstitution des environnements sédimentaires, Association pour l'étude de l'environnement géologique de la préhistoire, Paris, 2002
ISBN 2 – 906553 – 05 – 0, 1520 pages.

Le Ribault, L., 1977 :
L'exoscopie des quartz Edition Masson. 141 p.

Liégeois J.P., Latouche L., Boughrara M., Navez J. et Guiraud M., 2003 :
The Lateametacraton (Central Hoggar,Tuareg shield, Algeria) : behaviour of an old passive margin during the Pan-African orogeny. J. African, Earth Sci., 37, 161–190.

Loope, D. B., 1985a:
Episodic desposition and preservation of eolian sands: a late Paleozoic example from southeastern Utah. Geology 13, 73–76.

Loope, D. B., 1985b:
Rhizoliths in ancient eolianites. Sediment. Geol. 56, 301–314.

Loughnan, F. C., 1969:
Chemical weathering of silicate minerals. New York: Elsevier.pages et N°?

Louvet, P. &P.Magnier., 1971:
Confirmation de la dérive du continent africain au Tertiaire par la paléobotanique. 96ème Cong. Nat. Soc. Sav, Toulouse, Sc. 5 :177-89.

Lutz, H. J., 1941:
The nature and origin of layers of fine-textured material in sand dunes. J. Sediment. Petrol. 11, 105–123.

Makhous, M. et Galushkin Yu.I., 2003 :
Burial history and thermal evolution of the northern and eastern Saharan basins. Assoc. Amer. Petrol. Geol. Bull., 87, 10, 1623-1651.

Manning, D.A.C., 1995:
Introduction to Industrial Minerals. Chapmann and Hall, 276p.

Mange Maria.A., Maurer Heinz.F.W., 1992 :
Heavy Minerals in Color, edition Chapman & Hall UK, 154p.

McClelland, J. E., 1950:
The effect of time, temperature and particle size on the release of bases from some common soil forming minerals of different crystal structure. Proc. Soil Sci. Soc. Am. 15, 301–307.

Milnes, A. R., & Ludbrook, N. H., 1986:
Provenance of microfossils in aeolian calcarenites and calcretes in southern South Australia. Aust. J. Earth Sci. 33, 145–159.

Millot, G., 1964:
Géologie des argiles altérations, sédimentologie, géochimie. Masson et Cie Vol 499, 75p

Miskovsky J.C & Debard., 2002 :
Préhistoire et paléoenvironnements quaternaires dans Le bassin méditerranéen, Laboratoire de préhistoire de l'université de Perpignan, Paris 2002. 495-498.

Morey, G. W., Fournier, R. O., & Rowe, J. J., 1962:
The solubility of quartz in water in the temperature interval from 25°C to 300°C. Geochim. Cosmochim. Acta 22, 1029–1043.

Norris, R. M., 1969:
Dune reddening and time. J. Sediment. Petrol. 39, 7–11.

Nezli, I., 2009 :
Approche hydrogeochimique à l'étude des aquifères de la basse vallée de l'oued M'ya (Ouargla). Thèse doctorat en science Université de Biskra 144p.

Olson, J. S., 1958c:
Rates of succession and soil changes on southern Lake Michigan sand dunes. Bot. Gaz. 119, 125–170.

O.N.M., 2010 :
Données climatiques de la station de Ghardaïa et Ouargla. O.N.M. Ouargla, 6p.

O.S.S., 2003 :
Système Aquifère du Sahara Septentrional. Observatoire du Sahara et du Sahel. Volume 2 : Hydrogéologie. Projet SASS. Coupes. Planches. Annexes. Tunis, Tunisie. 275p.Volume 4 : Modèle Mathématique. Annexes. 229p.

Ould Baba Sy.M., 2005 :
Recharge et paléorecharge du système aquifère du Sahara septentrional. Thèse de Doctorat en Géologie. Faculté des Sciences de Tunis. Tunisie. 277p.

P.D.A.U., 1994 :
Plan Directeur d'aménagement d'urbanisme. Wilaya de Ghardaïa.

Parfenoff, A, Pomerol. C, Tourenq. J., 1970 :
Les minéraux en grains, méthode d'étude et de détermination. Edition Masson, 578 P.

Passega, R.., 1957:
Grain-size representation by CM patterns as a geological tool. Journ. Sediment. Petrology, vol. 34, n° 4, p. 830-847

Pouget, M., 1980 :
Les relations sol-végétation dans les steppes Sud-algéroises. ORSTOM, Paris, 555p.

Pye, K., 1980b:
Beach salcrete and eolian sand transport: evidence from North Queensland. J. Sediment. Petrol. 50, 257–261.

Pye, K., 1983a:
Formation of quartz silt during humid tropical weathering of dune sands. Sediment.Geol. 34, 267–282.

Pye, K., 1983b:
> Formation and history of Queensland coastal dunes. Z. Geomorph. Suppl. Bd. 45, 175–204.

Pye, K., 1983c:
> Dune formation on the humid tropical sector of the North Queensland coast, Australia. Earth Surf. Proc. Landf. 8, 371–381.

Pye, K., 1983d :
> Coastal dunes. Prog. Phys. Geogr. 7, 531–557.

Pye, K., 1983e:
> The coastal dune formations of Northern Cape York Peninsula, Queensland. Proc. R. Soc. Qld. 94, 33–39.

Pye, K., 1983f:
> Post-depositional modification of aeolian dune sands. In M. E. Brookfield & T. S. Ahlbrandt (Eds.), Eolian sediments and processes. Amsterdam: Elsevier. (197–221).

Pye, K., 1983g:
> Post-depositional reddening of late Quaternary coastal dune sands, northeastern Australia. In R. C. L. Wilson (Ed.), Residual deposits Oxford: Blackwell. (117–129).

Pye, K., 1983h:
> Red beds. In A. S. Goudie & K. Pye (Eds.), Chemical sediments and geomorphology. London: Academic Press. (227–263)

Pye, K., & Tsoar, H., 1987:
> The mechanics and geological implications of dust transport and deposition in deserts with particular reference to loess formation and dune sand diagenesis in the northern Negev, Israel. In L. Frostick & I. Reid (Eds.), Desert sediments: ancient and modern. Oxford: Blackwell. (139–156)

Pye, K., & Sperling, C. H. B., 1983:
> Experimental investigation of silt formation by static breakage processes: the effect of temperature, moisture and salt on quartz dune sand and granitic regolith. Sedimentology 30, 49–62.

Read, J. F., 1974:
> Calcrete deposits and Quaternary sediments, Edel Province, Shark Bay, Western Australia. Am. Assoc. Petrol. Geol. Mem. 22, 250–282.

Rocci, G., Bronner G., Deschamps M., 1991 :
> Cristalline basement of the West African Craton. In: Dallmeyer R.D., Lecorché P.P. (Eds), The west African orogen and Circum Atlantic Correlatives. Springer-Verlag, 31-60.

Rognon, P., Coudé-Gaussen G., Fedoroff N. & Goldberg P., 1987:
> Micromorphology of loess in the Northern Negev (Palastine). In soil Micromorphology des (Eds. N. Fedoroff, L.M. Bresson et M.A. Courty), , A.F.E.S., Paris. 631-638.

Richards, L.A. 1954:
> Diagnosis and improvement of saline and alkali soils. USDA Agric. Handbook 60. Washignton, D.C.

Savornin.J :1934
> Notice de la carte géologique sur le Sahara central..vol 7.50. Publication du service de la carte géologique de l'Algérie.

Sayles, R. W., 1931:
   Bermuda during the Ice Age. Proc. Am. Acad. Arts Sci. 66, 381–468.
Sayegh, A.H., Khan N.A., Khan, P. and Ryan, J. 1978:
   Factors affecting gypsum and cation exchange capacity determinations in gypsiferous soils. Soils Sci. 125: 294-300
Schroeder, J. H., 1985:
   Eolian dust in the coastal desert of the Sudan: aggregates cemented by evaporites. J. Afr. Earth Sci. 3, 370–386.
S.C.G., 1952 :
   Service de la Carte Géologique de l'Algérie, Cartes géologiques de l'Algérie, 2eme édition, Planche d'Alger sud et Constantine sud, Ech 1/ 500 000.
Semeniuk, V., & Meagher, T. D., 1981:
   Calcrete in Quaternary coastal dunes in southwestern Australia: a capillary rise phenomenon associated with plants. J. Sediment. Petrol. 51, 47–68.
Servant, M., 1973 :
   Séquences continentales et variations climatiques : Evolution des associations de diatomées, stratigraphie, paléoecologie. Cah. Off. Rech. Sc. Techn. O-Mer, sér. Géologie 5(2):169-216.
Sidhu, P. S., 1977:
   Aeolian additions to soils of northwest India. Pedologie 27, 323–336.
Siever, R., 1962:
   Silica solubility 0C–200C and the diagenesis of siliceous sediments. J. Geol. 70, 127–150.
Sonatrach., 1987 :
   Document interne D.E.S – Division Exploration.p?
Steinen, R. P., 1974:
   Phreatic and vadose diagenetic modification of Pleistocene limestone: petrographic observations from sub-surface Barbados, West Indies. Am. Assoc. Petrol. Geol. Bull. 58, 1008–1024.
Stoops, G., 2003:
   Guidelines for analysis and description of soil and regolith thin sections. Soil Science Society of America, Madison, Wisconsin. p ?
Soulali, R., 1997 :
   Synthèse géothermique du Sahara ouest à partir des traces de fission (AFTA et ZFTA) et PRV (Rapport interne). P ?
Swezey, C.S. 2009:
   Cenozoic stratigraphy of the Sahara, Northern Africa. Journal of African Earth Sciences, 53, 89–121.
Thompson, C. H., & Bowman, G. M., 1984:
   Subaerial denudation and weathering of vegetated coastal dunes in eastern Australia. In B. G. Thom (Ed.), Coastal geomorphology in Australia . Sydney: Academic Press. (263–290)
Toutain, G., 1979:
   Elément d'agronomie saharienne. De la recherche au développement. Marrakech, 276 p.
Trompette R. 1995:
   Geology of western Gondwana (2000-500 Ma). Pan-African-Brasiliano aggregation of South America and Africa. Balkema, Rotterdam, 350 p.

Tucker, M.E., 1991:
Sedimentary Petrology. An Introduction to the Origin of Sedimentary Rocks, 2nd ed. viii + 260 pp.

Vail P. R., R. M. Mitchum Jr. and S. Thompson III, Seismic 1977:
Stratigraphy and global changes of sea level, part 3: relative changes of sea level from coastal onlap. In: C. E. Payton, Editor, Seismic Stratigraphy — Applications to Hydrocarbon Exploration, Memoir vol. 26, American Association of Petroleum Geologists, 63–81

Vail PR., Colin J.P., Jean du Chene R., KuchlY J., Mediavilla F et Trifilieff V. (1987) :
La stratigraphie séquentielle et son application aux correlations chronostratigraphiques dans le Jurassique du Bassin de Paris . Bull.Soc.Géol. France, 7, 1301-1321.

Ville, L., 1872 :
Exploration géologique du Béni-M'Zab, du Sahara et de la région des steppes de la province d'Alger. Ed. Imprimerie Nationale. Paris, 540 p.

Waals, L. van der., 1967:
Morphological phenomena on quartz grains in unconsolidated sands due to migration of quartz near the earth's surface. Meded. Neth. Geol. Sticht. N.S. 18, 47–51.

Walker, T. R., 1976:
Diagenetic origin of continental red beds. In H. Falke (Ed.). The continental Permian in central, west and south Europe. Dordrecht: Reidel. (240–282)

Walker, T. R. 1979:
Red color in dune sand.US Geol. Sun. Prof. Pap.1052, 62–81.

Walker, H. J., & Matsukura, Y., 1979:
Barchans and barchan-like dunes as developed in two contrasting areas with restricted source regions. Ann. Rep. Inst. Geosci. Univ. Tsukuba 5, 43–46.

Warren, J. K., 1983:
On pedogenic calcrete as it occurs in the vadose zone of Quaternary calcareous dunes in coastal South Australia. J. Sediment. Petrol. 53, 787–796.

Wasson, R. J., 1983a:
Dune sediment types, sand color, sediment provenance and hydrology in the Strzelecki–Simpson dunefield, Australia. In M. E. Brookfield & T. S. Ahlbrandt (Eds.), Eolian sediments and processes. Amsterdam: Elsevier. (165–195)

Watson, A., 1983a:
Evaporite sedimentation in non-marine environments. In A. S. Goudie & K. Pye (Eds.), Chemical sediments and geomorphology. London: Academic Press. (163–185)

Watson, A., 1983b:
Gypsum crusts. In A. S. Goudie & K. Pye (Eds.), Chemical sediments and geomorphology. London: Academic Press. (132–161)

W.E.C., 2007:
La géologie pétrolière de l'Algérie. In Sonatrach – Schlumberger Well Evaluation Conference - Algérie 2007, p. 1.6 – 1.8, Édité par Schlumberger, 2007.

Williams, C., & Yaalon, D. H., 1977:
An experimental investigation of reddening in dune sand. Geoderma 17, 181–191.

Wopfner, H., & Twidale, C. R., 1967:
Geomorphological history of the Lake Eyre Basin. In J. N. Jennings & J. A. Mabbutt (Eds.), Landform studies from Australia and New Guinea . Cambridge: Cambridge Univ. Press. (119–143)

Yaalon, D. H., 1964:
Airborne salts as an active agent in pedogenetic processes. Trans. 8th Int. Congr. Soil Sci. 5,. Bucharest. 997–1000

Yaalon, D. H., & Ganor, E., 1973:
The influence of dust on soils during the Quaternary. Soil Sci. 116, 146–155.

Yaalon D. & Wieder M., 1976:
Pedogenic palygorskite in some brown (Calciorthid) soils of Israel. Clay Minerais, 11:73-80.

Yasso, W. E., 1966a:
Heavy mineral concentrations and sastrugi-like deflation furrows in a beach salcrete at Rockaway Point. J. Sediment. Petrol. 36, 836–838.

Youcef, F., 2006 :
Indicateurs paleoécologiques dans les sols des bassins endoréiques (Sebkha et Daya) Du Sahara septentrional. Exemple des Sebkha d'Ouargla et Mellala et de la Daya d'El Amied. Mémoire de Magister. Univ de Ouargla. 84pages

Zeddouri. A & S.Hadj-Said.S., 2011 :
Apport de l'analyse en composantes principales à l'interprétation de la qualité des eaux de la nappe superficielle de Guerrara. (S-E Algérien). Les 6ème Journées Internationales de Géosciences de l'Environnement (JIGE'6). 21- 23 Juin 2011 Oujda (Maroc).

Annexe I

Données de forages de Guerrara et Ouargla

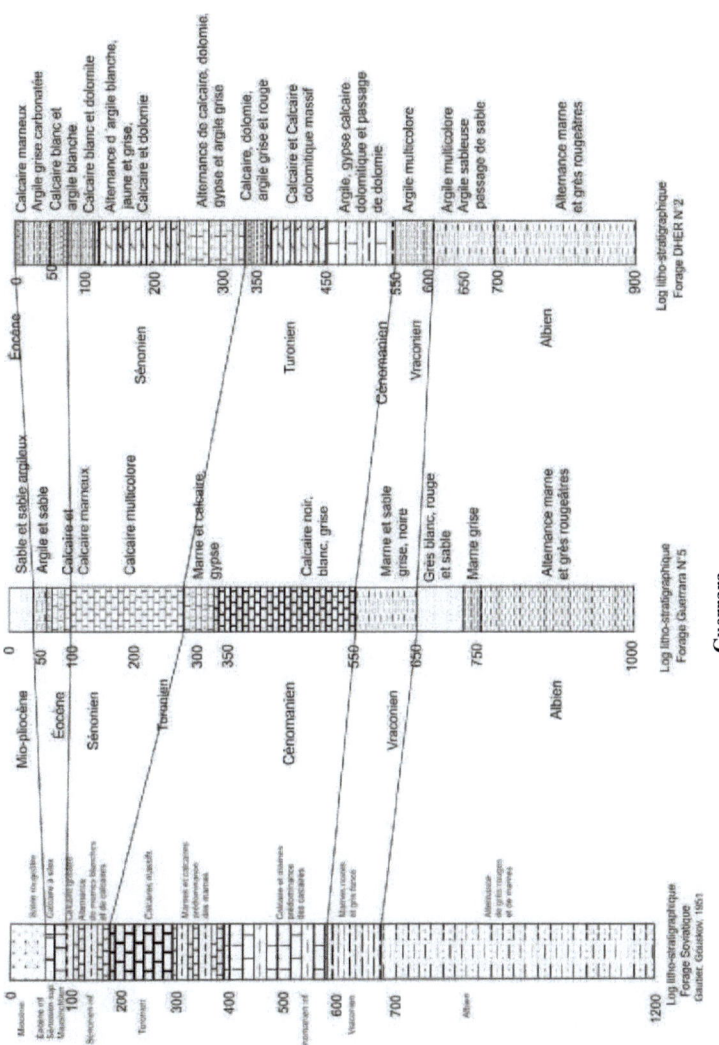

Annexes

Guerrara

B

Guerrara

C

Log litho-stratigraphique
Forage DRINE N°1

Log litho-stratigraphique
Forage

Log litho-stratigraphique
Forage Dayet el Amjed

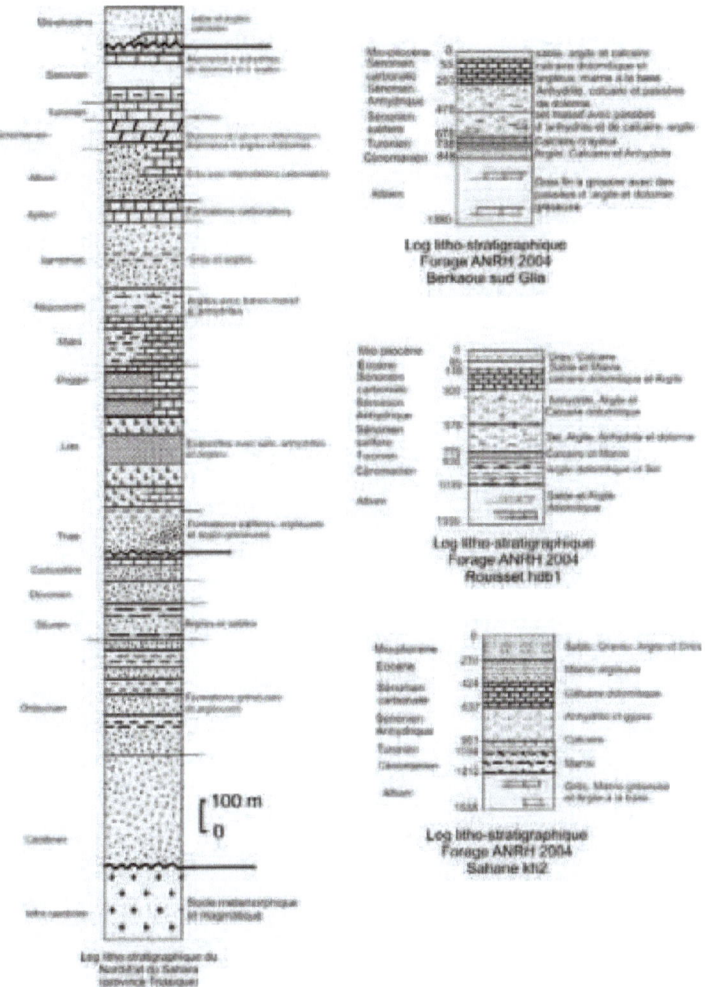

Ouargla

D

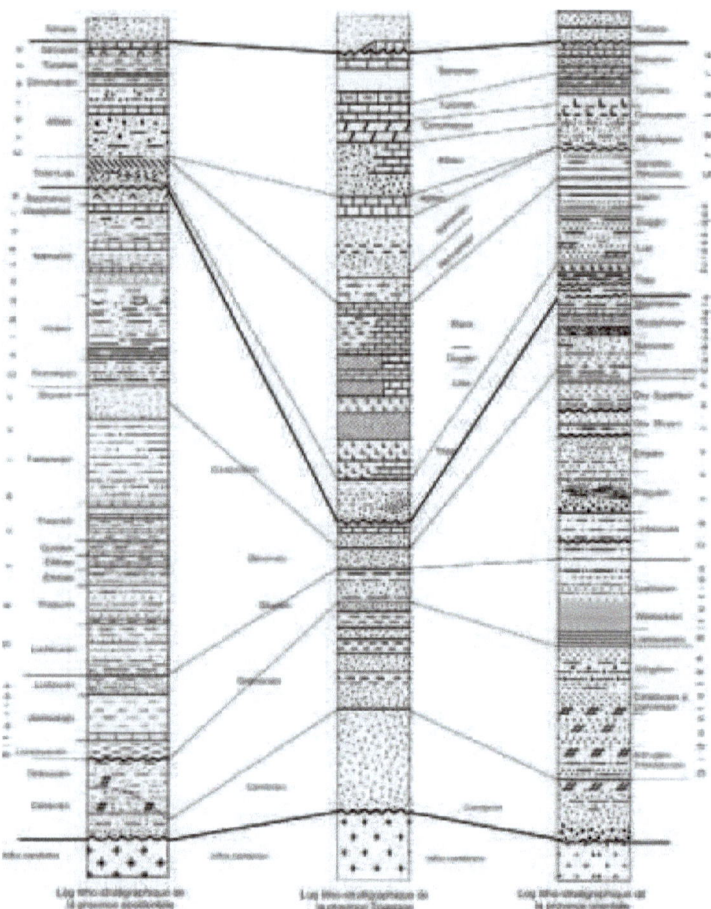

SCHLUMBERGER WEC SONATRACH 2007

Annexe II
Fossiles et microfossiles récoltés sur terrain

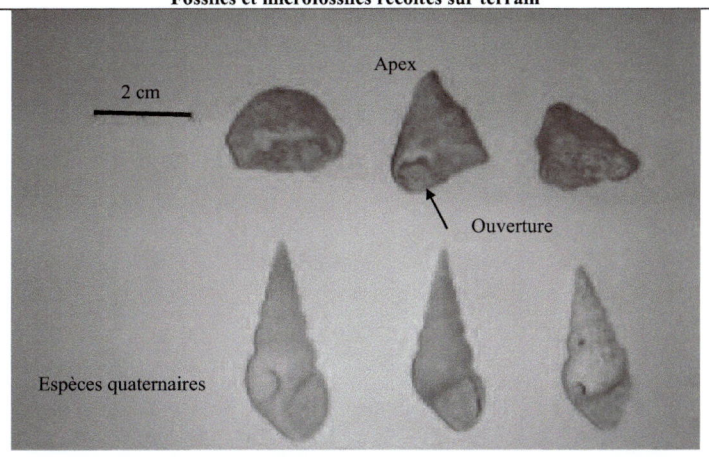

Espèces malacologiques du Pliocène comparées à ceux des paléolacs quaternaires *Melanoïdes tuberculata* (Muller 1774) (Ouargla)

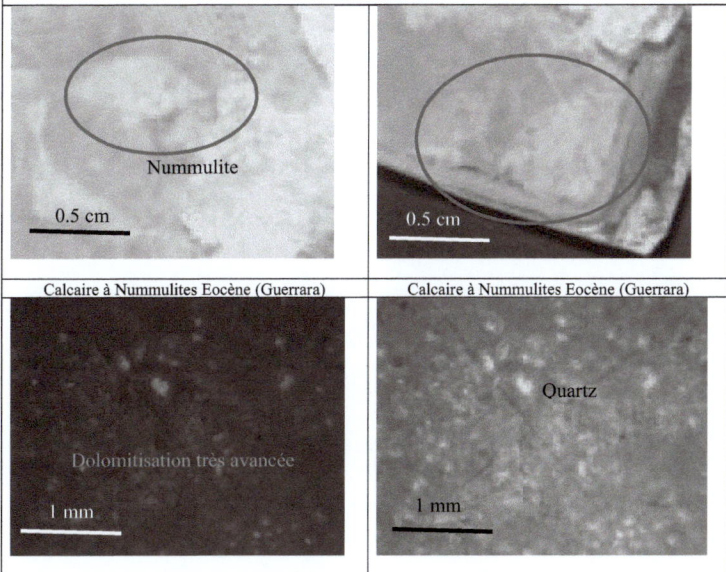

Calcaire à Nummulites Eocène (Guerrara)	Calcaire à Nummulites Eocène (Guerrara)
Calcaire dolomitisé du Sénonien (Guerrara) LPA	Calcaire dolomitisé du Sénonien (Guerrara) LPNA

F

Annexe III

Courbes Granulométriques Cumulatives et frequentielles. Ensemble supérieur de Guerrara

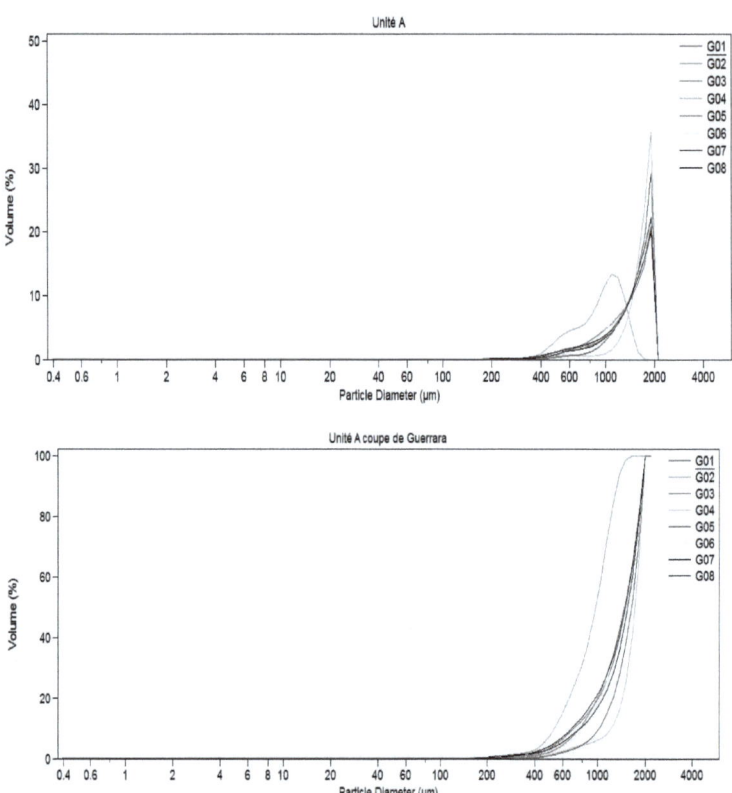

Ensemble Supérieur unité A

G

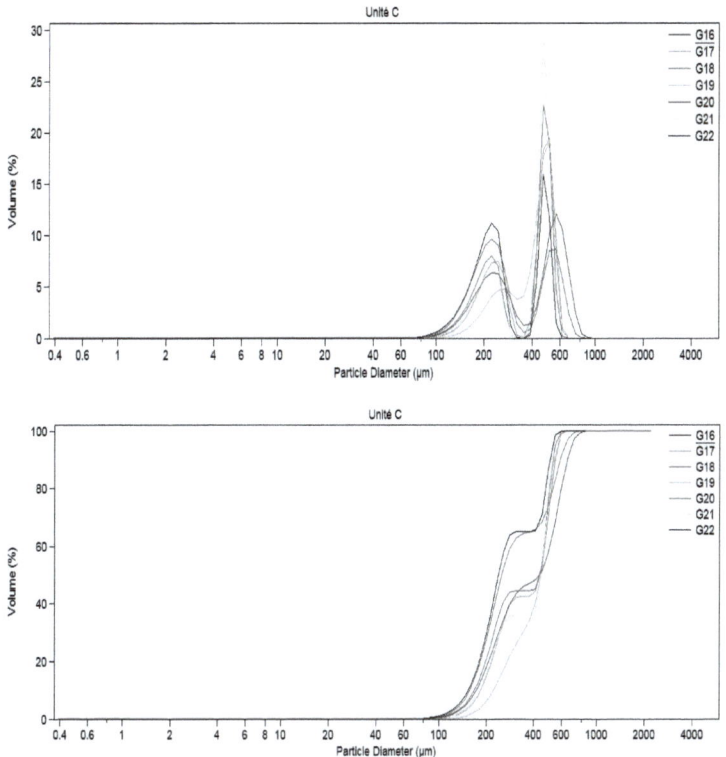

Ensemble Supérieur unité C

Courbes Granulométriques Cumulatives et frequentielles. Ensembles de Ouargla

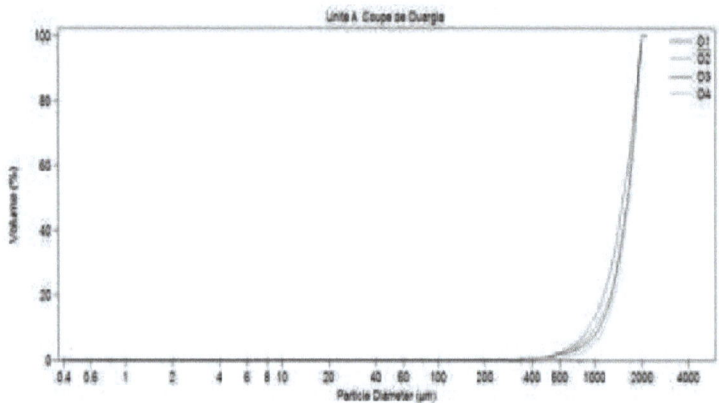

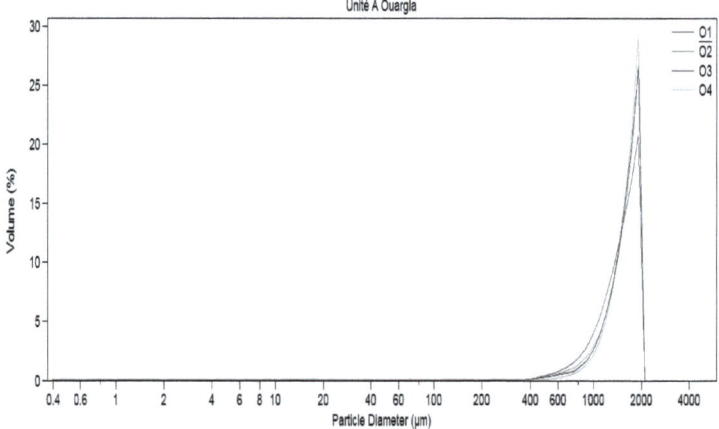

Ensemble Supérieur

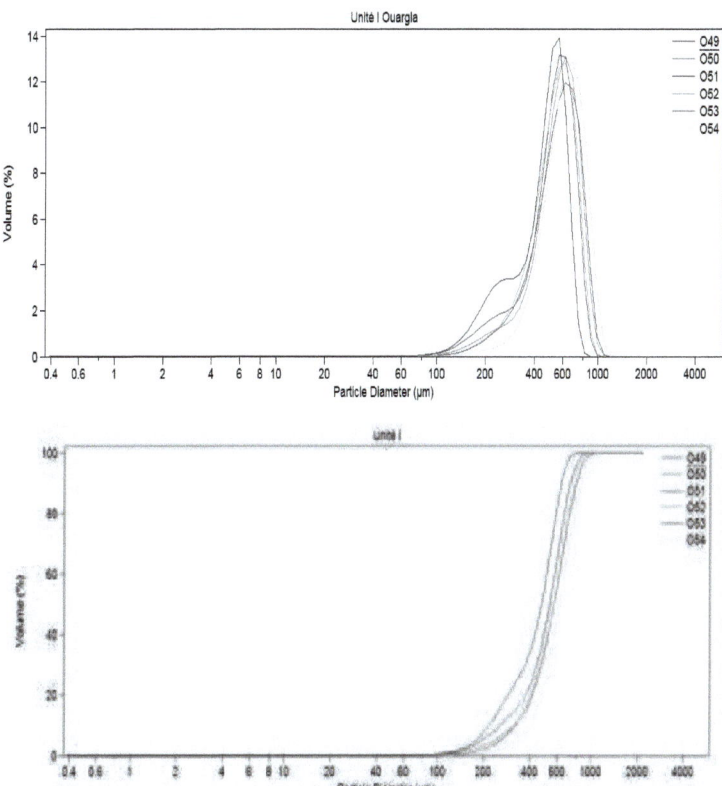

Ensemble Médian

J

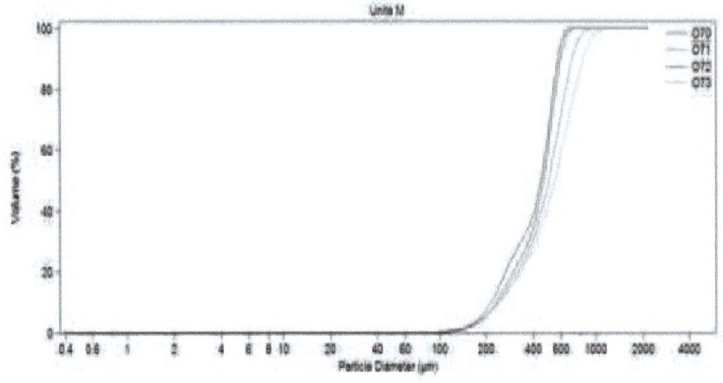

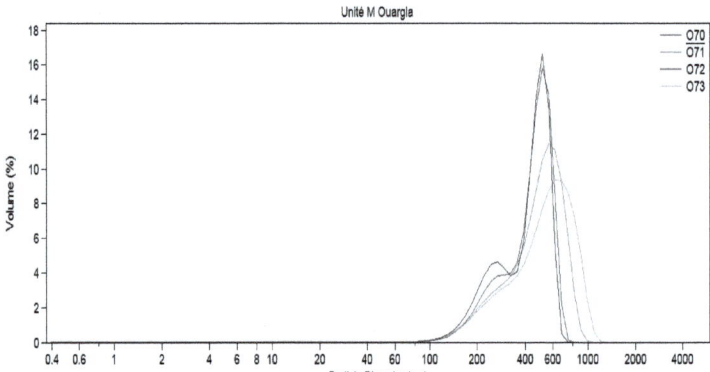

Ensemble Inférieur

Printed by Books on Demand GmbH, Norderstedt / Germany